鸡的饲养技术

就业技能培训教材

人力资源社会保障部职业培训规划教材

人力资源社会保障部教材办公室评审通过

主编　田蕾

副主编　迎春　白扎嘎尔

中国劳动社会保障出版社

图书在版编目(CIP)数据

鸡的饲养技术 / 田蕾主编. -- 北京：中国劳动社会保障出版社，2022

ISBN 978-7-5167-5480-1

Ⅰ.①鸡… Ⅱ.①田… Ⅲ.①鸡-饲养管理 Ⅳ.①S831.4

中国版本图书馆 CIP 数据核字(2022)第 191355 号

中国劳动社会保障出版社出版发行

(北京市惠新东街 1 号　邮政编码：100029)

*

北京市科星印刷有限责任公司印刷装订　　新华书店经销

880 毫米×1230 毫米　32 开本　8.25 印张　172 千字

2022 年 11 月第 1 版　　2022 年 11 月第 1 次印刷

定价：24.00 元

营销中心电话：400-606-6496

出版社网址：http://www.class.com.cn

前　言

《国务院关于推行终身职业技能培训制度的意见》（国发〔2018〕11号）提出，要围绕就业创业重点群体，广泛开展就业技能培训。为促进就业技能培训规范化发展，提升培训的针对性和有效性，人力资源社会保障部教材办公室对原职业技能短期培训教材进行了优化升级，组织评审了就业技能培训系列教材。本套教材以相应职业（工种）的国家职业技能标准和岗位要求为依据，力求体现以下特点：

全。教材覆盖各类就业技能培训，涉及职业素质类，农业技能类，生产、运输业技能类，服务业技能类，其他技能类五大类。

精。教材中只讲述必要的知识和技能，强调实用和够用，将最有效的就业技能传授给受训者。

易。内容通俗，图文并茂，引入二维码技术提供增值服务，易于学习。

本套教材适合于各类就业技能培训。欢迎各单位和读者对教材中存在的不足之处提出宝贵意见和建议。

内容简介

本书着重阐述了养鸡生产实践中的关键技术，具有较强的科学性和实用性，内容涉及岗位认知、鸡的外貌及生理特性、鸡场规划布局与鸡场设施设备、鸡的品种认知、鸡的配种及孵化技术、鸡的营养与饲料配制、蛋鸡的饲养管理技术、肉鸡的饲养管理技术、鸡场防疫技术、鸡常见病及防治技术等内容。

本书内容贴近养鸡生产实际，通俗易懂，图文并茂，既可作为鸡饲养工职业培训教材，又可作为农牧民技术培训教材，也可作为中、高等职业院校学生培训或辅导教材，还可作为广大养殖户的参考书。

为帮助读者更好地掌握鸡的饲养技术，扫描封底的二维码可免费查看本书图片。

本书由田蕾主编，迎春、白扎嘎尔副主编，孙建萍、张勇审稿。

目 录

第 1 单元

岗位认知

模块 1　职业道德和工作职责

一、职业道德

1. 树立远大的理想和信念，爱党、爱国家、爱人民，遵守社会公德，品行端正，举止文明，珍视和维护职业声誉。

2. 树立全心全意为人民服务的宗旨，奉献社会，善待动物，尊重生命，文明服务。

3. 做到合法经营，安全生产，有序竞争，不损害其他单位和个人的名誉、利益。

4. 热爱畜牧事业，忠于职守，坚守岗位，敢于纠正、制止违法违纪行为，勤恳敬业。

5. 钻研业务，开拓创新，与时俱进，勤于学习新知识，善于钻研新业务。

6. 工作扎实，脚踏实地，诚实守信，出具证明、资料、文书准确、真实，不弄虚作假。

7. 艰苦奋斗，勤俭节约，立足长远，志在发展。

二、工作职责

1. 饲养员职责

（1）负责鸡群的饲喂、饮水、整群、防疫、捡蛋、称料、匀料、刮粪、消毒等具体工作。

（2）负责做好生产和生活场所的卫生工作，保持食槽、饮水器、鸡舍等的清洁卫生。

（3）负责做好鸡舍通风、保温和防暑等工作。

（4）观察鸡群采食、粪便、精神状态有无异常并及时向管理人员汇报。

2. 技术员职责

（1）负责水质处理、采血及抗体测定。

（2）负责统计鸡群死淘率，解剖病死鸡并上报疫情。

（3）负责鸡场职工的技术培训，关心和爱护职工，帮助职工解决工作中的实际问题。

（4）负责鸡场消毒隔离的落实。

（5）认真管理好鸡群，做好预防用药、免疫工作，及时发现潜在问题，采取相应措施，确保完成鸡场的各项生产目标。

3. 人工授精员职责

（1）负责种公鸡的挑选。

（2）负责种公鸡的采精。

（3）负责精液的稀释，定期抽检精液品质，及时淘汰精液品质不好的种公鸡。

（4）负责种母鸡的输精。

（5）抓鸡时严禁粗暴工作，应轻抓轻放；翻肛者应用右手抓鸡，用左手翻肛，禁止用力挤压鸡腹部。

4. 鸡病防治员职责

（1）根据生产计划制定防疫消毒规程，拟订药品和疫苗采购计划。

（2）随时注意鸡群状况，发现病鸡要及时治疗、及时汇报。

（3）做好病鸡、死鸡登记工作。

（4）分析鸡生病和死亡的原因，及时做好预防工作。

（5）做好诊疗和投药记录。

（6）监督死鸡的处理。

> **提示**
>
> 技术员与鸡病防治员职责有些重复，所以有些鸡场不设鸡病防治员职位，只有技术员职位。

模块2　基本素质要求

一、身体素质要求

1. 身体健康

具备健康的体质和吃苦耐劳的品质，才能有效地承担繁重的鸡场工作。

2. 无疾病

尤其是没有人鸡共患传染病。

二、专业技术素质要求

1. 应具备文化修养

具有一定的人文文化和科技文化修养。

2. 应具备安全知识

具备养鸡场安全生产知识和养鸡场机械设备安全使用知识。

3. 应具备专业基础知识

（1）鸡的解剖生理知识。

（2）鸡的配种和孵化知识。

（3）鸡的营养与饲料知识。

（4）鸡的环境控制与保护知识。

（5）鸡的饲养管理知识。

（6）鸡的疫病预防知识。

4. 应具备专业技能

（1）会进行种鸡的选择。

（2）会进行鸡的人工授精。

（3）会进行种蛋的选择、消毒、保存与运输。

（4）能科学饲养管理蛋鸡。

（5）能科学饲养管理肉鸡。

（6）能正确配制消毒剂，能对鸡场进行消毒。

（7）能正确使用疫苗对鸡群进行免疫接种。

（8）能对常见鸡传染病、寄生虫病进行诊断并采取具体防治措施。

5. 应熟悉相关法律、法规知识

（1）《中华人民共和国劳动法》的知识。

（2）《中华人民共和国农业法》的知识。

（3）《饲料和饲料添加剂管理条例》的知识。

（4）《饲料添加剂安全使用规范》的知识。

（5）《中华人民共和国动物防疫法》的知识。

（6）《兽药管理条例》的知识。

（7）《中华人民共和国环境保护法》的知识。

（8）《无公害农产品管理办法》的知识。

第2单元 鸡的外貌及生理特性

模块1　鸡的外貌特征

一、鸡的外貌

鸡体表部位的名称如图2-1所示。

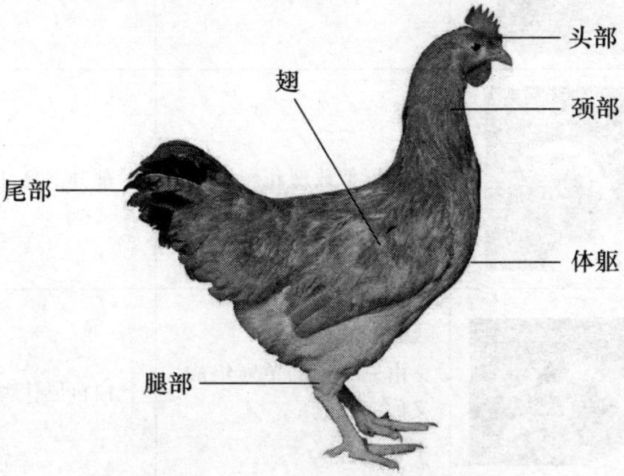

图2-1　鸡体表部位的名称

1. 头部

鸡的头部形态及发育程度能够体现品种特征、性别、生产力高低及体质差异，鸡的头部可以分为以下几个部分。

提示

鸡冠的大小、颜色是性别、健康和生产性能的标志。公鸡的冠比母鸡的发达；健康鸡的冠，色泽鲜红、细致、饱满、滋润；产蛋鸡的冠愈红，产蛋能力愈强。

（1）冠。冠为皮肤的衍生物，不同的品种有不同的冠型，主要分为单冠、玫瑰冠、豆冠、羽毛冠、草莓冠等类型，见表 2–1。

表 2–1　　鸡冠的不同形态简表

冠型	图片	特点	代表品种
单冠		由喙基部至头顶后部，具有锯齿形，成单片状	白来航鸡等大部分品种
玫瑰冠		冠形似玫瑰花	部分洛岛红鸡
豆冠		由三个小的单冠组成，又称三叶冠	白科尼什鸡
羽毛冠		冠体后侧为圆球状羽毛束，俗称“凤头”	丝毛乌骨鸡

续表

冠型	图片	特点	代表品种
草莓冠		冠形似草莓	部分洛岛红鸡

（2）喙。喙是鸡啄食与自卫的器官，其颜色因品种而异，主要有黄、青、黑等颜色，一般与胫的颜色一致。

（3）鼻孔。鼻孔位于喙的基部，左右两个鼻孔对称且相通。

（4）眼。鸡的眼大而有神，向外突出，可以环视 360°，虹膜的颜色因品种而异。

（5）脸。脸为眼周围的裸露部分。强健鸡的脸，颜色润泽而无皱纹；老弱鸡的脸，苍白而有皱纹。

（6）耳叶。耳叶位于耳孔的下部，呈椭圆形，有皱褶，常见的有红、白、黄等颜色。

（7）肉髯。肉髯位于下颌部位，左右对称，与冠颜色相同。

2. 颈部

蛋用型鸡颈部较细长，肉用型鸡颈部较粗短。母鸡颈羽短，末端钝圆，缺乏光泽；公鸡的颈羽长而尖，有光泽。所以说，颈部羽毛具有第二性征状。

3. 体躯

（1）胸部。胸部是心脏和肺所在的部位。肉用鸡要求胸肌特别发达。高产蛋鸡胸宽而深且向前突出，低产蛋鸡胸窄浅。

（2）背腰部。鸡背腰部的长短与品种有关，蛋用品种背腰部较长，肉用品种背腰部较短。长在腰部的羽毛称鞍羽。母鸡的鞍羽短而圆；公鸡的鞍羽细长而末端尖，又称蓑羽。

（3）腹部。腹部是消化器官和生殖器官所在的部位。腹部应柔软、饱满、体积宽大，以容纳发达的消化、生殖器官。一般以胸骨后缘至耻骨间的距离来衡量腹部容积的大小，产蛋鸡要求在一掌以上。

（4）臀部。产蛋期鸡的臀部宜宽阔丰满。鸡的两侧耻骨末端并不相接，这样可以形成开放性骨盆，便于产蛋。常以两侧耻骨间距离作为判断母鸡产蛋性能的标志，在产蛋期要求宽三指以上。

4. 尾部

尾正而直，肉用型鸡尾较短，蛋用型鸡尾较长，尾根部有一对左右对称的尾脂腺，能分泌油脂以润滑羽毛。尾部的羽毛分主尾羽与覆尾羽。主尾羽位于尾部的末端，两侧成对排列；覆盖在主尾羽上的羽毛称覆尾羽，公鸡的覆尾羽发达而弯曲，形如镰刀，又称为镰羽，最长的那根称大镰羽，其余较短的称小镰羽。公鸡尾部羽毛名称如图 2-2 所示。

图 2-2　公鸡尾部羽毛名称

5. 翅

鸡翅又名鸡翼。鸡翅各部位羽毛统称为翼羽。在翼的下缘外侧一般长有 10 根主翼羽，下缘内侧一般长有 11 根副翼羽，在两者之间有一些较短的羽毛称为轴羽。主翼羽上覆盖的羽毛称覆主翼羽；副翼羽上覆盖的羽毛称覆副翼羽，如图 2－3 所示。

6. 腿部

鸡腿部由股、胫、飞节、跖、趾、爪等部分构成，如图 2–4 所示。跖、趾、爪合称脚。跖骨细长，按照体表部位名称习惯上被称为胫部，表面生有鳞片，年幼时鳞片柔软，成年后角质化，年龄愈大，鳞片愈硬，甚至向外侧突起。胫部因品种不同而有不同的色泽。鸡趾一般为 4 个，少数品种为 5 个（如丝毛鸡）。公鸡在跖部（又称胫部）内侧生有距，距随年龄的增长而增长，因此可以根据距的长短来鉴别公鸡的年龄。公鸡的距较发达；母鸡的距则很小，甚至有的不明显。

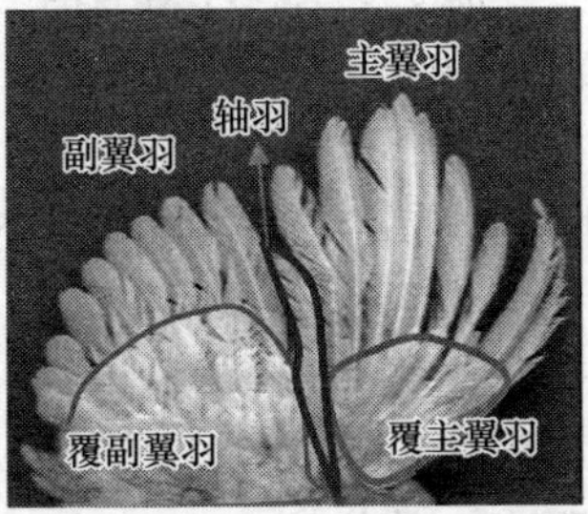

图 2–3　鸡翼羽示意图

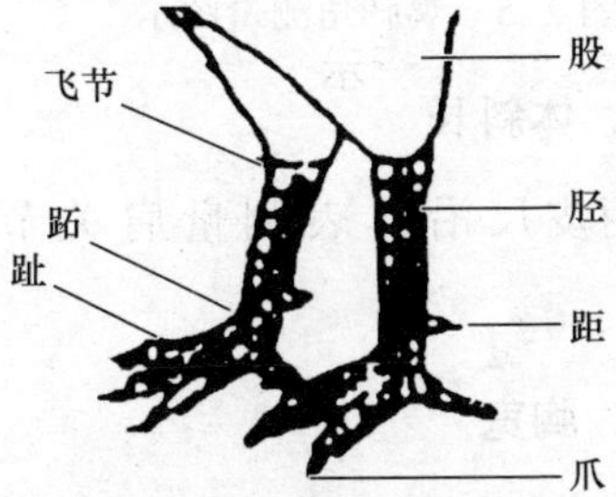

图 2–4　鸡腿部各部位名称

二、鸡的体尺测量

1. 胸角

将鸡仰卧在桌上或用手拿住，用胸角器在龙骨前缘测量两侧胸部角度，如图 2-5 所示。胸角可反映肉鸡胸肌发育的情况，90°以上较为理想。

2. 胫长（跖长）

用卡尺测量从飞节顶部到第三、第四趾间的垂直距离，单位 cm，以此作为衡量生长发育的重要指标，如图 2-6 所示。

图 2-5　鸡胸角测量图示

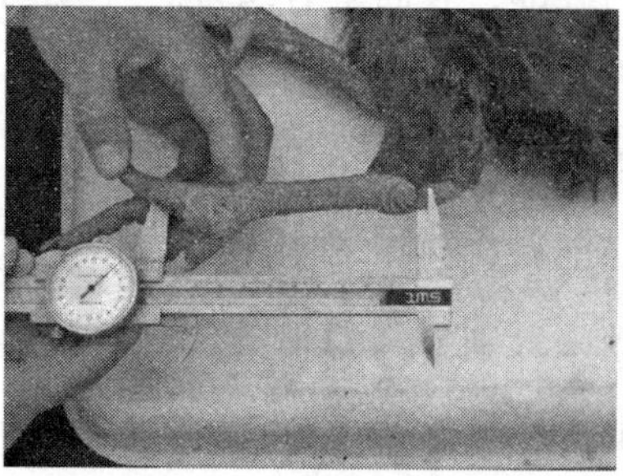

图 2-6　鸡胫长测量图示

3. 体斜长

用皮尺沿体表测量肩关节至同侧坐骨结节间的距离，单位 cm。

4. 胸宽

用卡尺测量两肩关节之间的体表距离，单位 cm。

模块 2　鸡的生理解剖

一、鸡的生理特点

1. 体温高、心率高、呼吸频率高

鸡的正常体温是 40.5~42.5 ℃，标准体温是 41.5 ℃。无汗腺，靠呼吸散热。心率是 300 次/分钟，鸡的心脏较大，血液循环速度快。白来航鸡的血液循环一周仅需 2.8 min，比家畜快。鸡的呼吸频率为 40~50 次/分钟。

> **小知识**
>
> 鸡的体温高、心率高、呼吸频率高决定了鸡的新陈代谢旺盛，是马、牛的 3 倍以上。由于代谢旺盛，鸡的生长发育较快。蛋鸡年产蛋 15~17 kg，为其体重的 10 倍。肉鸡初生重 40 g，经 8 周育肥，体重可达 2 000 g，是初生时的 50 倍。

2. 敏感性强

（1）药物敏感。鸡对抗胆碱酯酶的药物（如敌百虫）非常敏感，容易中毒；对食盐类药物较为敏感，饲粮中不宜超过 0.5%；对磺胺类药物敏感，严重时会引起雏鸡脾脏出血、梗死。

（2）对环境变化敏感。鸡的听觉发达，突如其来的噪声会使鸡乱叫乱飞。鸡的视觉灵敏，陌生人进入鸡群会引起“炸群”。所以，鸡场选址要避开闹市、交通要道，管理上要杜绝飞鸟、鼠类，禁止

无关人员进出。鸡对光照敏感，光照对生长和产蛋有很大影响，应根据不同生长发育阶段制定合理的光照制度。鸡的体温较高，代谢旺盛，所以对环境温度要求较高，特别是在育雏期间，对环境温度更敏感。

提示

初生雏鸡的体温较成年鸡的体温略低。幼雏的绒毛保温能力差，所以育雏时需要有较高的温度（32~34 ℃）。鸡无汗腺，靠呼吸散热，因此鸡怕热，环境温度长期在35 ℃以上，鸡就有热死的危险。

3. 抗病力差

（1）鸡的肺虽然很小，但却连接很多气囊，这些气囊充斥于身体各个部位。通过空气传播的病原体可以沿呼吸道进入肺和气囊，进而进入体腔、肌体、骨骼中。

（2）鸡的生殖道与排泄孔共同开口于泄殖腔，产出的蛋很容易受到粪尿污染，这样会影响下一代，也使鸡易患输卵管炎。

（3）鸡胸腔和腹腔中部缺少膈，因而腹腔感染时胸腔也难以逃脱。

（4）鸡没有成形的淋巴结，淋巴系统不健全。

4. 繁殖潜力大

高产鸡年产蛋可达300枚以上，按孵化率70%计，这些蛋可孵化出200多只雏鸡。公鸡的繁殖力也很强，成年公鸡一天可交配40次以上，一只公鸡配10~15只母鸡即可获得很高的受精率。同时可以采用人工授精技术和人工孵化技术进行大量繁殖。

5. 对饲料要求高

鸡蛋和鸡肉都是富含营养物质的产品，一只高产鸡年产蛋可达 15~17 kg，蛋中富含蛋白质、脂肪、矿物质和多种维生素，但鸡体自身不能合成 11 种氨基酸。因此，鸡必须摄取营养丰富的饲料，除足够的碳水化合物能量饲料外，饲料中还必须有丰富的蛋白质、必需氨基酸、矿物质和多种维生素。同时，由于鸡的生理特征，鸡只能消化少量的纤维素饲料，一定含量的纤维素有助于鸡的生长发育，过多的纤维素则容易对鸡产生不利影响，因此，鸡的饲料只能以精饲料为主。

二、鸡的解剖特性

鸡的各部位解剖如图 2-7 所示。

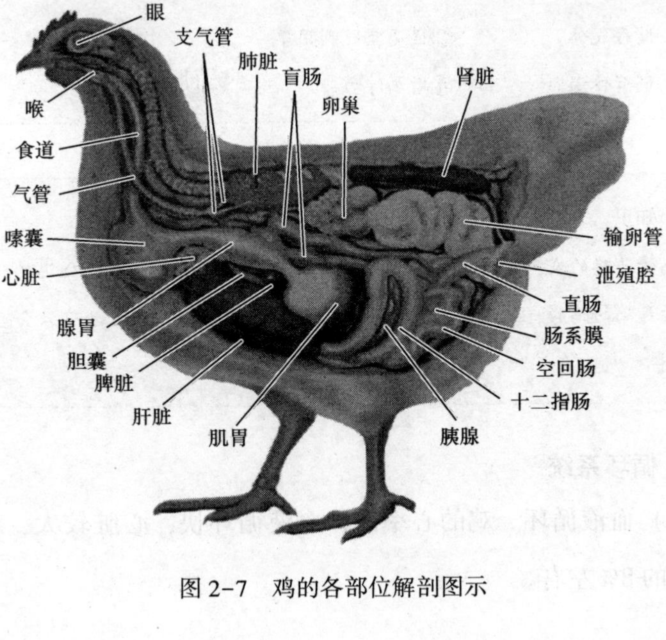

图 2-7　鸡的各部位解剖图示

1. 骨骼与肌肉

鸡保留了鸟类适应飞翔的特征：前肢形成翼，部分骨骼中充满空气，鸡骨轻。大部分肋骨分为两段，即椎肋与胸肋。鸡耻骨开张有弹力有利于产蛋。鸡的胸肌特别发达，以适应飞翔。腿上部肌肉也发达，有利于站立和行走。鸡腿部前内侧有栖肌，能牢固地攀持住栖架，睡眠时也不易跌落。

2. 呼吸系统

呼吸系统由鼻腔、喉、鸣管、气管、肺、气囊组成。鸡肺较小，体积仅为同等大小哺乳动物肺的1/10。鸡有9个气囊，气囊一端与初、次级支气管相连，另一端与骨骼相连。

提示

气囊的作用：

①储存气体。　②提高空气利用率。

③调节体温。　④增加浮力。

小知识

鸣管是鸡的发声器官，公鸡、母鸡的鸣管无结构差别，不过公鸡的鸣膜明显薄于母鸡的鸣膜，且雌雄性激素不同，造成公鸡会打鸣，而母鸡只会“咯咯哒”叫。

3. 循环系统

（1）血液循环。鸡的心率高，血液循环快，心脏较大，鸡血量为体重的8%左右。

（2）淋巴系统。鸡无真正的淋巴结，主要靠法氏囊和胸腺抵抗疾病。法氏囊俗称腔上囊，位于泄殖腔背侧。胸腺位于颈部两侧。鸡的法氏囊和胸腺位置如图 2–8 所示。

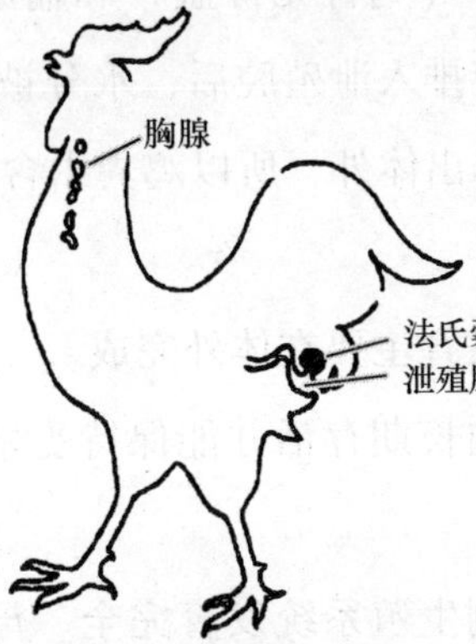

图 2–8　鸡的法氏囊和胸腺位置

4. **消化系统**

（1）口腔。鸡口腔没有唇，没有牙齿，靠角质的喙来采食，唾液腺不发达。

（2）食道与嗉囊。嗉囊位于颈部右侧、食道后段，有临时储存食物和软化食物的作用。健康鸡傍晚时嗉囊是否饱满，能反映采食情况。

（3）胃。鸡的胃分腺胃和肌胃。腺胃是食道末端的膨大部，分泌胃液，有消化蛋白质和溶解矿物质的作用。肌胃是鸡特有的消化器官，不分泌消化液，主要机能是靠胃壁肌肉强有力的收缩磨碎饲料。肌胃内储有粗砂砾，能起到帮助磨碎饲料的作用。

（4）肠道。鸡的肠道由小肠和大肠组成，肠道短，因此食物通过鸡消化道的速度快于家畜。

（5）泄殖腔。泄殖腔为消化、泌尿、生殖三个系统共同的管腔，最后开口于体外。

5. 泌尿系统

鸡的泌尿系统由肾（鸡肾无肾盂）和输尿管组成，无膀胱，直接开口于泄殖腔。尿液排入泄殖腔后，水分被重新吸收，留下尿酸、部分尿液与粪便一起排出体外，所以鸡粪中含有白色尿酸。

6. 生殖系统

（1）卵生，胚胎发育主要在体外完成。

（2）精子在母体内长期存活并能保持受精能力，可以保持 12~16 天。

（3）母鸡只有左侧生殖系统发育完全。母鸡的生殖系统由左侧卵巢和左侧输卵管（漏斗部、膨大部、峡部、子宫、阴道）组成，开口于泄殖腔，如图 2-9 所示。

（4）公鸡的生殖系统由睾丸、附睾、输精管和交配器组成，没有阴茎，缺乏副性腺。

7. 感觉系统

（1）视觉。鸡视野宽广，能迅速识别目标，但对颜色的区别能力较差，只对红、黄、绿等光敏感。

（2）听觉。鸡无耳廓，但听觉发达，能迅速辨别声音和方向，在饲养管理上要求安静。

（3）味觉。鸡味觉差异大，有些鸡具有灵敏的味觉，能分辨酸、甜、苦、咸等不同味道，也有些鸡没有味觉。

（4）嗅觉。鸡的嗅觉能力差。

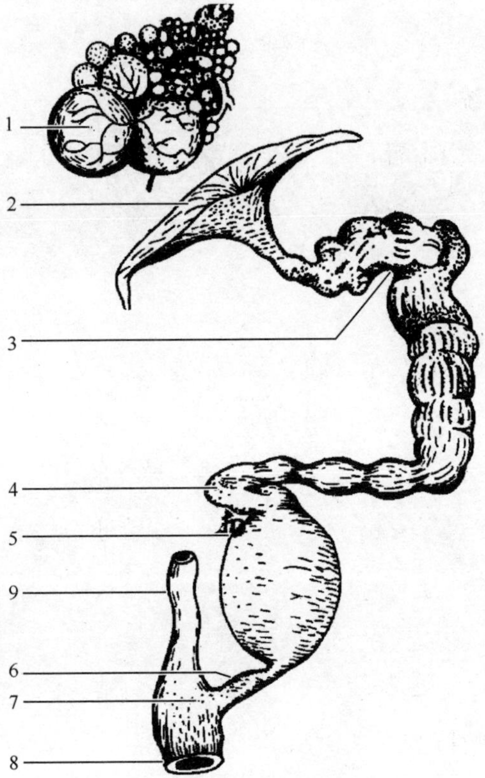

图 2-9　母鸡的生殖系统

1—成熟的卵　2—漏斗部　3—膨大部　4—峡部

5—子宫（内含一个形成中的蛋）　6—阴道

7—泄殖腔　8—肛门　9—直肠

第3单元

鸡场规划布局与鸡场设施设备

模块1 鸡场规划布局

一、鸡场的选址要点

养鸡场选择场址应考虑当地土地利用计划和村镇建设计划，还应符合环境保护的要求，遵循无公害、生态和可持续发展原则，从地形地势、土壤、水源水质、供电、交通以及防疫等多方面综合考虑。

1. 地形地势

应选择地势高且平坦、排水良好、背风向阳、空气流通的地方建场。鸡舍应位于居民区及公共建筑群下风向，并且最好坐北朝南或坐西北朝东南，还应尽可能用非耕地。在丘陵山地建场要选择向阳坡，坡度不宜超过20°。

2. 土壤

要求土壤未被有毒、有害物质污染过，以砂质土壤为宜，这种土壤排水性良好，微生物不易繁殖，符合卫生要求。

3. 水源水质

选择水源充足、水质良好的地方建场。鸡场一般距城市较远，如果没有自来水公司供水，可以自己打井或者修水塔以保证本场供水，要求能够满足饮用和生产、管理用水需要。

4. 供电

应靠近输电线路，尽量缩短新线铺设距离；电力安装方便，电力充足且稳定可靠，必要时需自备发电机以保证电力供应。

5. 交通

交通既要与主要交通干线保持一定距离，又要满足鸡场运输需要。要有专用车道直达鸡场，路宽要满足会车需要，路面硬化要达到最大承载要求。

提示

鸡场场址选择要距离主要交通干线 1 000 m 以上，次级公路 200~300 m，与居民区、屠宰场及其他鸡养殖场距离不小于 3 000 m。

6. 防疫

要远离公路、铁路、自然保护区、畜牧场、集贸市场、居民区、屠宰场以及化工厂等。

7. 排污

鸡场要建化粪池进行粪水的无害化处理，以免污染环境。鸡场的周围可以有农田、蔬菜种植地或者果树林等，这样可以把鸡场粪水与农田灌溉相结合，也可以用鸡场粪水来养鱼，使粪水得到充分利用。

二、鸡场分区规划

场址选定之后，就要根据地形、地势和当地主导风向等规划鸡场内不同建筑功能区、道路、排水管、绿化地等的位置。各种房舍和设施的分区规划要从便于防疫和组织生产出发。

1. 鸡场建筑物的分区

鸡场建筑物按照用途可分为生活区、行政管理区、辅助生产区、生产区、隔离区等区域。

2. 鸡场建筑物分区规划原则

（1）有利于防疫。首先应考虑保护工作人员，尽量使其工作或生活不受饲料粉尘、粪便、气味等污染；其次要注意生产鸡群的防疫卫生，杜绝污染源对生产区的环境污染。应根据地势和主导风向来分区：生活区应安排在上风口和地势最高的地方；接着是行政管理区、辅助生产区、生产区；隔离区应位于全场下风向和地势最低的地方，并与生产区保持一定的距离。如地势与主导风向不一致，则以主导风向为主。养鸡场按地势、风向分区规划原则如图 3－1 所示。

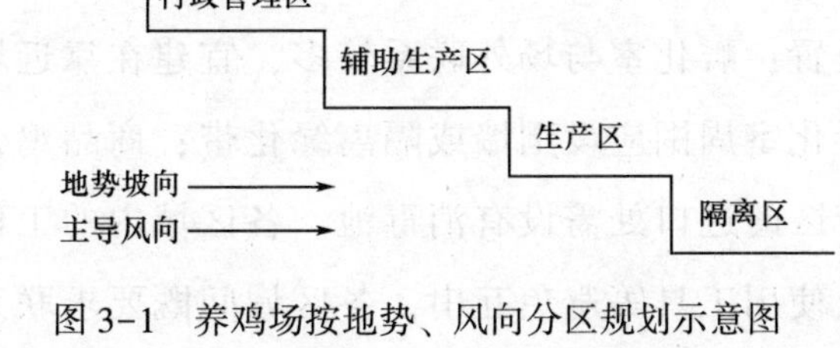

图 3－1　养鸡场按地势、风向分区规划示意图

（2）有利于生产。要满足生产工艺流程要求，按照生产过程顺序和连续性来规划和布置建筑物，从而达到便于管理、利于生产、提高效率的目的。

三、鸡场的布局要点

1. 生活区和行政管理区

一般与鸡场外相通；应位于生产区外侧，用围墙与生产区隔开；应处于主导风向的上方、地势的高处，以保持空气新鲜；应距离生产区 100 m 以上。

2. 辅助生产区

辅助生产区包括料库，饲料加工车间，蛋库，供电、供水、供热建筑设施等。料库和饲料加工车间位于行政管理区和生产区之间，并尽量靠近消耗饲料最多的鸡舍；蛋库尽量靠近产蛋舍；供电、供水、供热建筑设施应设在生产区的中心（辅助生产区相较于生产区距离上风口更近是总原则，有时也会出现两者难以分开的现象）。

3. 生产区

生产区是养鸡场的核心，包括各种鸡舍。生产区内鸡舍的设置应结合地形地势、主导风向和交通道路的具体情况而定，可以分成几个区域，它们之间的距离应在 100 m 以上。种鸡舍应设置在防疫上的最优位置；孵化室与场外联系较多，宜建在靠近场前区的入口处，在孵化室周围应设围墙或隔离绿化带；商品鸡舍应在下风向。在生产区的进口处需设有消毒池。各区域内的工作人员、运输车辆以及使用工具等避免互串，各区域间既要求联系方便，又要求进行防疫隔离。

（1）蛋鸡场。每个区域内可以有若干栋鸡舍，种鸡舍、孵化室、育雏舍、育成舍和产蛋舍要成为一条流水线，确保以符合防疫要求的最短线路运送种蛋、初生雏鸡。在有条件的情况下可将孵化室单独建场，以免出售雏鸡时外来人员带进病原。蛋鸡生产区各舍位置如图 3–2 所示。

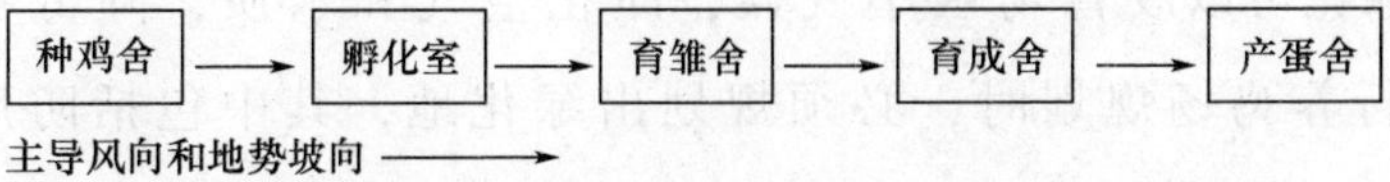

图 3–2　蛋鸡生产区各舍位置按地势、风向规划示意图

（2）肉鸡场。为防疫安全，综合型的肉鸡场的鸡舍布局应根据主导风向与地势，各舍位置如图 3–3 所示。孵化室在上风向，商品肉鸡舍在下风向。如果没有种鸡舍，也没有孵化室，只有幼雏舍和商品肉鸡舍，则设置顺序如下：幼雏舍→商品肉鸡舍。

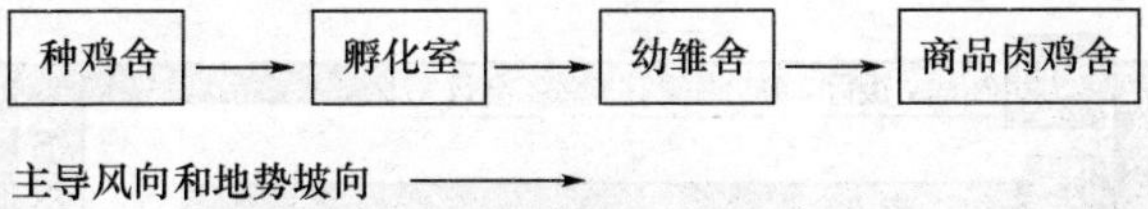

图 3–3　肉鸡生产区各舍位置按地势、风向规划示意图

4. 隔离区

隔离区包括病死鸡隔离、剖检、化验、无害化处理的房舍和设施，还包括粪水处理及储存设施，以便对病死鸡进行病毒检验及无公害处理。隔离区是卫生防疫和环境保护工作的重点，该区应设在鸡场的下风向和地势最低处，且与生活区、行政管理区、生产区的间距不小于 50 m。病鸡隔离舍及处理病死鸡的尸坑或焚尸炉等设施，应距鸡舍 300~500 m，且设单独的道路与出入口。

5. 道路

生产区的道路分为净道和污道两种，净道专用于运输鸡蛋、饲料和转群，污道专用于运输鸡粪和淘汰病死鸡，净道与污道必须分开，不得混用或交叉使用，以利于卫生防疫。

6. 绿化

绿化可以改善场区小气候，净化空气和水质，降低噪声。在进行养鸡场规划时，必须规划出绿化地，其中包括防风林、隔离林、道路绿化带、遮阳绿化林以及绿地等。要根据不同地段的不同需要，选择不同的树种，也可根据当地情况，种植能美化环境、净化空气的树和花草，但不宜种植有毒或有飞絮的植物。

商品蛋鸡鸡场规划布局如图 3-4 所示，综合性鸡场规划布局如图 3-5 所示。

图 3-4　商品蛋鸡鸡场规划布局图

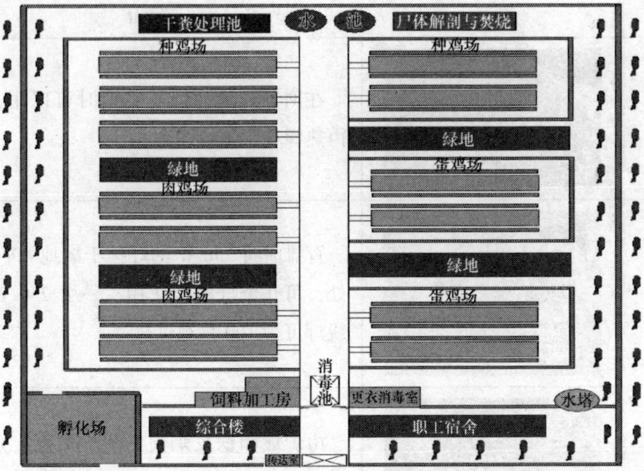

图 3–5　综合性鸡场规划布局图

模块 2　鸡场设施设备种类及作用

一、控温控湿设备

1. 控温设备

（1）保温设备。育雏阶段和寒冷冬季需要供暖设备，可以用电热保温伞、红外线灯、火炉、远红外辐射加热器、火炕、暖气等设备加热保暖，见表 3–1。

表 3-1　　鸡舍保温设备

保温设备	图片	简介
电热保温伞		在网上或地面饲养雏鸡时可以用，主要由热源和伞罩组成
红外线灯	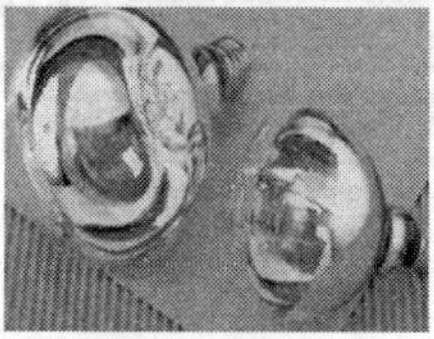	育雏时将 250 W 的灯挂于离地 40～55 cm 处，可几个灯组合使用，一个 250 W 红外线灯可为 100 只鸡供热
火炉		由炉灶和铁皮烟筒组成。炉灶上加铁皮烟筒，烟筒伸出室外。此方法适用于较小规模的养鸡场，方便简单
远红外辐射加热器	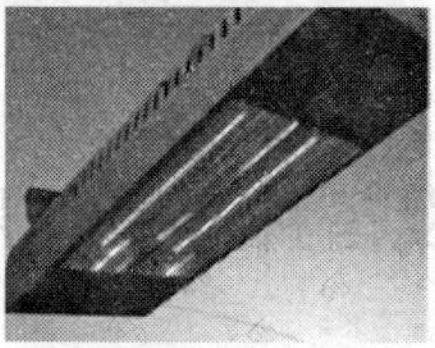	由电阻丝组成的加热板。在远红外线板之间安上一个小风扇，使室内温度均匀，这种加热法耗电量较大，但育雏效果较好
火炕		用火炕加热比较费燃料，但温度较为平稳
暖气		鸡舍采用暖气管道供暖，管道要均匀安装在鸡笼下层，每列为一个循环。此方法适用于大规模的养鸡场，温度均匀，效果好

（2）降温设备。为了减轻高温对鸡的影响，需用降温设备来降低舍温，常用的降温设备有：低压、高压喷雾系统，湿帘–风机系统。

低压、高压喷雾系统：特制的喷头与水管连接，安装在鸡舍内屋顶下面，水管行距和喷头的多少可根据鸡舍的跨度和长度设置。在鸡舍另一端安装风机。

湿帘-风机系统：是目前生产中应用较多的一种降温和控湿系统，由纸质波纹多孔湿帘、循环水系统、控制装置及风机等组成。湿帘安装在窗户的一侧，空气穿过湿帘蒸发，再由风机和风扇吹向各个角落，从而使室内温度迅速下降。湿帘在纵风机超过 4 台时使用，冬、春季应禁用，以防冷应激发生。湿帘如图 3-6 所示。

图 3-6　湿帘

2. 控湿设备

鸡舍内如果空气湿度过大可采用风机来降湿，寒冷季节可以通过热风炉来降湿。鸡舍内空气干燥可采用湿帘、喷雾器及地面洒水车等设备来增加湿度。

3. 计算机控制系统

计算机控制系统包括温度、时间控制器和通风负压控制器，依据标准，将温度、风机开启时间、负压值输入计算机，由计算机自动控制。大型养鸡场不可缺少计算机控制系统，要求将其安装在控制室。

二、通风换气设备

为了排除鸡舍内的有害气体以及多余热量，提供足够的新鲜空气，需要对鸡舍进行科学的通风。通风换气设备主要有风机、风扇等。

1. 风机

根据产生风压的原理不同，风机一般分为两种，轴流式和离心式，鸡舍一般选用节能、大直径、低转速的轴流式风机。根据风机安装位置不同，可分为纵风机和侧风机。纵风机安在鸡舍一端（山墙），要求均匀分布，纵风机应比鸡笼或网床高出 30 cm，以免风吹到鸡身上，如图 3-7 所示。侧风机一定要用小型风机，并均匀安装在侧墙上，以使排风保持均匀。

2. 风扇

用于鸡舍通风的风扇主要有吊扇和圆周扇两种，使用时要将其安装在顶棚或墙内侧壁上，使空气直接吹向鸡体，从而在鸡体附近增加气流速度，促进蒸发散热。

三、采光设备

采光设备主要是鸡舍照明灯具和光照自动控制器。照明灯具主要有白炽灯、荧光灯、日光灯、节能灯和便携聚光灯等，可根据需要选配。白炽灯应用普遍，但要安装伞形灯罩，灯的布局注意下层

图 3-7　纵风机

笼的光照度。鸡舍白炽灯采光如图 3-8 所示 。日光灯照明光比较柔和、均匀，如图 3-9 所示。光照自动控制器可以自动控制光照时间和强度，并能够自动开关灯。

图 3-8　鸡舍白炽灯采光

图 3-9　鸡舍日光灯采光

四、鸡笼

鸡笼是现代化养鸡的主体设备，不同的鸡笼适用于不同的鸡群，按组合形式可分为全阶梯式、半阶梯式、重叠式和平置式，按鸡的种类分为蛋鸡笼、肉鸡笼和种鸡笼。下面按组合形式分类对鸡笼进行介绍。

1. 全阶梯式

鸡笼呈阶梯式排列，上、下两层笼体完全错开，每层笼的鸡粪均能直接落到地面或粪沟里，如图 3-10 所示。这种鸡笼不需刮粪，可在每年随出鸡时，一次性清理粪便。常见的有 2 层或 3 层全阶梯式鸡笼。

2. 半阶梯式

鸡笼呈阶梯式排列，鸡笼上、下两层笼体之间有 1/4～1/2 的部位重叠，如图 3-11 所示。常见的是 2 层或 3 层半阶梯式鸡笼。除最上层外，重叠部位之下设有粪板，鸡粪经刮粪板刮入粪坑。

3. 重叠式

鸡笼上、下两层笼体完全重叠，每层笼下面都设有承粪板或刮粪器，常见的是 3 层或 4 层重叠式鸡笼，如图 3-12 所示。

4. 平置式

鸡笼平置于床架上，只养一层，下面为粪坑，粪便清理不需刮粪设备，可在 1～2 年鸡群全部淘汰以后再集中清理，如图 3-13 所示。

图 3-10　全阶梯式鸡笼

图 3-11　半阶梯式鸡笼

图 3-12　重叠式鸡笼

图 3-13　平置式鸡笼

五、饮水喂料设备

1. 饮水设备

饮水设备包括过滤器、限制阀、饮水器以及管道设施等，常用的饮水器类型有真空饮水器、乳头式饮水器、杯式饮水器、吊盘式饮水器等，见表 3-2。

表 3-2　　鸡舍常用的饮水器

饮水器	图片	简介	优点	缺点
真空饮水器		由塑料桶和水盘组成，桶倒扣在盘上。水由壁上的小孔流入饮水盘，当水将小孔盖住时即停止流出	供水均衡，使用方便	清洗工作量大
乳头式饮水器		直接同水管相连，通过毛细管作用控制滴水，使阀杆底端经常保持挂着一滴水的状态，饮水后水即流出	节约用水，并且不需要清洗	每层鸡笼均需设置减压水箱，不便进行饮水免疫

续表

饮水器	图片	简介	优点	缺点
杯式饮水器		饮水器呈杯状，与水管相连，杯中有水能使触板浮起，平时阀帽关闭，当鸡吸触板时，通过联动杆即可顶开阀帽，使水流入杯内	节约用水	水杯需要经常清洗，且需配备过滤器和水压调整装置
吊盘式饮水器		主要由上部的阀门和下部的吊盘组成。阀门通过弹簧自动调节并保持吊盘内的水位	节约用水，清洗方便	只适用于平养

2. 喂料设备

喂料设备由储料塔、喂料机和饲槽组成。

（1）储料塔。储料塔一般在鸡舍的一端或侧面，用镀锌钢板冲压而成，其上部为圆柱形，下部为圆锥形，如图 3-14 所示。喂料时，由喂料机将饲料送到饲槽。

（2）喂料机

1）链式喂料机。由料箱、链环、长饲槽、驱动器、转角轮和饲料清洁器等组成，如图 3-15 所示，链环经过饲料箱时将饲料带至食槽各处。

图 3-14　储料塔

图 3-15　链式喂料机

2）螺旋弹簧式喂料机。电动机通过减速器驱动输料圆管内的螺旋弹簧转动，料箱内的饲料被送进输料圆管，再从圆管中的各个落料口掉进圆形食槽。

3）塞盘式喂料机。由一根直径为 5～6 mm 的钢丝和每隔 7～8 cm 一个的塞盘组成（塞盘是用钢板或塑料制成的），在经过料箱时将料带出。优点是饲料在封闭的管道内运送，一台喂料机可同时为 2～3 栋鸡舍供料。缺点是当塞盘或钢丝折断时，修复起来较麻烦且安装时技术水平要求高。

（3）饲槽。常用的饲槽有料槽、自流式喂料桶、自动进料盘等，见表 3-3。

表 3-3　　鸡舍常见几种饲槽对比

饲槽	图片	特性
料槽		适用于干粉料、湿料和颗粒料的饲喂，用镀锌铁皮或硬质塑料制作。槽底最好为 U 字形

续表

饲槽	图片	特性
自流式喂料桶		由塑料制成的料桶、圆形料盘和连接调节机构组成。饲料可通过圆筒下缘与圆锥体之间的间隙，自动流进浅盘供鸡采食
自动进料盘		储料塔中的饲料通过喂料机输送到自动进料盘中，自动进料盘出料量的调节既准确又方便

雏鸡舍内的饮水和喂料设备如图 3-16 所示。

图 3-16　雏鸡舍内的饮水和喂料设备

六、消毒设施设备

1. 消毒池

鸡场大门旁设车辆消毒池和人员消毒池，鸡舍门前设脚踏消毒池。

（1）车辆消毒池为水泥结构，要宽于门，长于车轮一圈半，池内存积有效消毒液，消毒液每周更换两次。

（2）人员消毒池应紧邻大门，人员进入鸡场需消毒。

（3）脚踏消毒池应设置在鸡舍门前，用于人员进入鸡舍前的消毒。有时脚踏消毒池会用消毒盆代替。

2. 消毒室

大规模鸡场应设有人员消毒室和人员消毒更衣室。人员消毒室紧邻大门旁消毒池，为一封闭式狭长过道，长不少于 5 m，宽 1~1.5 m，顶上安装喷洒消毒器，对进入人员进行喷雾消毒。人员消毒更衣室设有紫外线消毒灯或臭氧消毒器，对人员和室内的工作衣等进行消毒。人员在此更换工作衣、鞋、帽，穿戴整齐后，关闭门窗消毒 5 min。

3. 移动式消毒器

常用于场地和鸡舍喷雾消毒的有机动喷雾器和背负式手动喷雾器。带鸡消毒时通常用背负式手动喷雾器；在进行大面积环境消毒或者疫区环境消毒时可用机动喷雾器。

4. 火焰消毒器

火焰消毒器是把一定压力的燃油雾化并燃烧产生喷射火焰，喷向消毒部位来消毒的一种消毒工具。其结构简单，操作方便，由于燃烧的火焰温度较高，触及之处可以烧死所有病原微生物，所以消毒效果好。一般对金属鸡笼、地面、墙壁等可采用火焰消毒器进行消毒。

5. 自动喷雾消毒系统

在无人值守的情况下，根据设置的消毒时间和温湿度，自动进行喷雾和消毒。自动喷雾消毒系统依据鸡舍跨度设置管线，管线架设于空中，并与压力水泵相接，管线上喷头交叉安装，使水雾由上而下喷出，水雾分布均匀。湿度低时可喷水增湿，高温时也可借此降温。

七、集蛋设备

鸡蛋的收集分为人工拣蛋和机械集蛋。小型鸡场和平养鸡场一般采用人工拣蛋，而大型的笼养鸡场可以建造机械自动集蛋装置。

1. 机械自动集蛋装置

机械自动集蛋装置是通过输送带将鸡舍中的鸡蛋平稳地输送到鸡舍外的操作间，是一条从产蛋舍到鸡蛋成品车间连续作业的流水线设备，如图 3-17 所示。机械自动集蛋装置集蛋速度快，鸡蛋破损率极低，高效稳定，人工投入少。

图 3-17　机械自动集蛋装置中的输送带传输鸡蛋

2. 产蛋箱

平养鸡场需要安置产蛋箱，现代养鸡场大部分是用人工拣蛋产蛋箱，也有一些用自动集蛋产蛋箱，如图 3-18 所示。产蛋箱内应铺设柔软舒适、清洁的垫料，如稻壳、刨花等。产蛋前后可训练鸡使用产蛋箱。

图 3-18　网上平养鸡舍放置的产蛋箱

八、清粪设备

鸡舍内的清粪方式有人工清粪和机械清粪两种。机械清粪常用设备有：牵引式刮粪机、传送带式清粪机和抽屉式清粪板。

1. 牵引式刮粪机

牵引式刮粪机多用于阶梯式笼养和网上平养，结构比较简单，维修方便，但其钢丝绳易被鸡粪腐蚀而断裂，如图 3-19 所示。

2. 传送带式清粪机

传送带式清粪机多用于重叠式笼养，传送带的材料要求较高，成本也昂贵。如果制作和安装符合质量要求，则清粪效果好，否则系统易出现问题，会给日常管理工作带来许多麻烦。传送带式清粪机如图 3-20 所示。

3. 抽屉式清粪板

抽屉式清粪板多用于小型重叠式鸡笼。

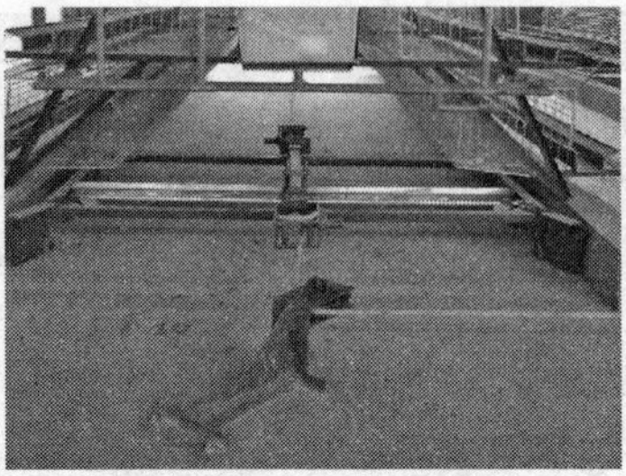

图 3-19　牵引式刮粪机

图 3-20　传送带式清粪机

模块 3　饲养方式与设施设备选择

在鸡群的人工养殖中，常见的有平养和立体笼养两种方式，见表 3-4。

一、平养

平养是指鸡在一个平面上活动。平养可分为地面平养和网上平养。

1. 地面平养

地面平养就是在地面上铺垫料，在垫料上饲养鸡，如图 3-21 所示。这种饲养方式要求鸡舍内以水泥地面为宜，这样便于冲洗和消毒。地面铺设的垫料应为吸水性强、清洁、干燥的刨花、锯末、稻草、麦秸等，稻草和麦秸应铡成 3~5 cm 长的段，垫料的厚度一般为 15~25 cm。在铺垫料前，要在地面上撒一层生石灰给鸡舍消毒。每周还要在垫料上撒一次过磷酸钙，以降低鸡舍内氨气浓度。垫料无需经常更换，一般随鸡群更换，将垫料和鸡粪一起清除。由于鸡与粪便经常接触，易患经粪便传染的疾病，应加强鸡的防疫和鸡舍内消毒工作，同时注意舍内通风，保持舍内空气新鲜。

2. 网上平养

网上平养是指用网面来代替地面养鸡，可用铁丝网、塑料网、木板或竹竿做网面，如图 3-22 所示。一般网面离地面 70～120 cm，网眼根据鸡只周龄不同，网孔以 1.25 cm×1.25 cm～2.5 cm×5 cm 为宜。这种饲养方式无需垫料，鸡不与粪便直接接触，饲养密度相对较大，也便于喂料和饮水的机械化。但用这种方式饲养的鸡只敏感易受惊吓，且易产生啄癖，产下的蛋中破蛋、脏蛋较多，且生产性能不能充分发挥。

图 3-21　地面平养

图 3-22　网上平养

二、立体笼养

立体笼养就是将鸡饲养在用金属丝焊成的笼子中，由笼架、笼体、料槽、水槽和托蛋盘等组成。一般根据鸡的品种、性别和周龄不同，设计不同型号的鸡笼，主要有雏鸡笼、育成鸡笼、蛋鸡笼、种鸡笼和公鸡笼等几个类型。

这种饲养方式的优点是可充分利用空间，饲养密度大，但清粪要及时；产的蛋表面干净，污染程度小；鸡不与粪便直接接触，能避免或减少寄生虫的危害；鸡在笼内采食量较少，节省饲料；转群或者打疫苗时抓鸡也比较方便。缺点是投资较大；鸡体质较弱，易发生骨折。要注意鸡舍内的通风换气，除利用窗户自然通风外，最好用风机进行辅助通风；还要注意照明的电灯，要将其安装在走道中并且不可吊装得太高，还要安装灯罩，否则会使下一层光线太暗。鸡的饲养方式优缺点比较见表 3-4。

表 3-4　　鸡的饲养方式优缺点比较

饲养方式		优点		缺点	
平养	地面	鸡有一定的活动空间，生长发育较好，饮水、喂料设备利用率高	设备要求简单、投资少	占地面积大，不利于抓鸡、称重、打疫苗等工作；产蛋期间需设置产蛋箱	饲养密度小，鸡只接触粪便，不利于疾病防治
	网上		鸡不直接接触粪便，有利于疾病的控制；饲养密度大		投资相对较高，掏取鸡粪相对不便；鸡易受惊吓，容易产生啄癖，破蛋、脏蛋较多
立体笼养		饲养密度最大；节省饲料；实行人工授精，可减少公鸡的饲养比例；鸡不接触粪便，有利于鸡群防疫；转群或者打疫苗时抓鸡比较方便；蛋比较干净，不会出现窝外蛋		投资相对高；血斑蛋比例高，蛋品质稍差；种蛋合格率低；鸡体质较弱，易发生骨折；鸡容易肥胖，易患猝死综合征；淘汰鸡的外观较差；鸡出售价格较低	

第4单元

鸡的品种认知

模块1　鸡的标准品种

凡列入《大不列颠家禽标准品种志》和《美洲家禽标准品种志》的鸡品种，即为国际上公认的鸡品种，称为标准品种。我国被列入标准品种的鸡仅有九斤黄鸡、狼山鸡和丝毛乌骨鸡。

标准品种鸡具有体形外貌一致，遗传性能稳定，生产性能高等优点。在标准品种中按鸡的经济用途，可划分为蛋用型、肉用型、兼用型和观赏型，鸡的部分著名标准品种外貌特征和生产性能见表4-1。

表4-1　　鸡的部分著名标准品种外貌特征和生产性能

品种	图片	原产地	经济类型	外貌特征	开产月龄	成年平均体重（kg）		年均产蛋量（枚）	平均蛋重（g）	蛋壳颜色
						公	母			
白来航鸡		意大利	蛋用	该鸡体形小而清秀，羽毛全白，鸡冠和肉髯发达，喙、胫、趾及皮肤均为黄色，耳叶为白色	4~5	2.3	1.6	180	60	白色

续表

品种	图片	原产地	经济类型	外貌特征	开产月龄	成年平均体重（kg）		年均产蛋量（枚）	平均蛋重（g）	蛋壳颜色
						公	母			
洛岛红鸡		美国	兼用	该鸡体长且略似长方形，背长而平，羽毛深红色，尾羽带有黑色，冠、耳叶、肉髯、脸均为鲜红色，皮肤、喙、胫为黄色	6~7	3.7	2.6	165	63	褐色
新汉夏鸡		美国	兼用	其体形外貌与洛岛红鸡基本相似，只是背部较短，羽毛颜色稍浅	7	3.3	2.8	190	58	褐色
白洛克鸡		美国	肉用	该鸡全身羽毛白色，单冠，冠、肉髯、耳叶为红色，喙、胫、皮肤为黄色	5~6	4.3	3.3	170	58	褐色
白科尼什鸡		英国	肉用	该鸡喙、胫、皮肤为黄色，羽毛紧密，体躯坚实，肩、胸很宽，胸、腿肌肉发达	8~9	4.8	3.8	125	56	浅褐色
狼山鸡		中国	兼用	其体形外貌最大特点是尾羽高耸，背呈U字形，体高腿长，冠、肉髯、耳叶均为红色，皮肤为白色，喙和胫为黑色，羽毛多为黑色	7~8	4.2	3.3	165	58	褐色

续表

品种	图片	原产地	经济类型	外貌特征	开产月龄	成年平均体重（kg）		年均产蛋量（枚）	平均蛋重（g）	蛋壳颜色
						公	母			
九斤黄鸡		中国	兼用	鸡冠、肉髯、耳叶均为鲜红色，胫、皮肤黄色，颈短粗，体躯宽深，胸部饱满，背部向上隆起，胫短，有胫羽和趾羽	8~9	4.9	3.7	90	60	褐色
丝毛乌骨鸡		中国	观赏	外貌具十大特征，也称“十全”，即紫冠（冠体如桑椹）、缨头（头顶有一丛缨状冠羽）、绿耳、胡须、五爪、毛脚、丝羽、乌皮、乌骨、乌肉。此外，其眼、喙、趾、心脏及脂肪也呈乌黑色	6	1.4	1.2	100	42	浅褐色

模块 2　鸡的地方品种

地方鸡品种是指在某一地区长期饲养而形成的品种，由于没有明确的育种目标，生产性能较低，体形外貌也不太一致，但具有生活能力强、对饲养管理要求不高的优点。地方鸡品种有仙居鸡、白耳黄鸡、大骨鸡、固始鸡、寿光鸡、北京油鸡等。我国部分著名地方鸡品种外貌特征和生产性能见表 4-2 和表 4-3。

表 4-2　我国部分著名地方鸡（蛋用型和兼用型）品种外貌特征和生产性能

品种	图片	原产地	经济类型	外貌特征	开产月龄	成年平均体重（kg）		年均产蛋量（枚）	平均蛋重（g）	蛋壳颜色
						公	母			
仙居鸡		浙江	蛋用	体形小且紧凑，腿长，尾羽高翘，羽色以黄色居多，喙短，喙、趾黄色居多	5	1.44	1.25	200	44	浅褐色
白耳黄鸡		江西	蛋用	“三黄一白”，即黄羽、黄喙、黄脚、白耳。体形矮小，体重较轻	5	1.45	1.19	180	54	深褐色
大骨鸡（庄河鸡）		辽宁	兼用	以体大、蛋大著称。公鸡羽毛呈棕红色，母鸡多呈麻黄色。冠、耳叶、肉髯均为红色，喙、胫、趾均呈黄色	7	2.9	2.3	160	63	深褐色
固始鸡		河南	兼用	冠有单冠和豆冠两大类。喙、跖、趾为青色，羽毛以黄色、黄麻色为主，体形小得多属“直尾”，体大者有“佛手状尾”	6~7	2.5	1.8	140	51	深褐色

续表

品种	图片	原产地	经济类型	外貌特征	开产月龄	成年平均体重（kg）		年均产蛋量（枚）	平均蛋重（g）	蛋壳颜色
						公	母			
寿光鸡		山东	兼用	体形有大、中两个类型。单冠，冠、肉髯、耳叶和脸均为红色，喙、胫、趾为黑色，羽毛黑色，皮肤白色	大型 8~9 中型 6~7	大型 3.8 中型 3.6	大型 3.1 中型 2.5	大型 95 中型 135	大型 70 中型 63	深褐色

表 4–3　我国部分著名地方鸡（肉用型）品种外貌特征和生产性能

品种	图片	原产地	经济类型	外貌特征	出栏日龄（天）	成年平均体重（kg）		全净膛率（%）		半净膛率（%）	
						公	母	公	母	公	母
北京油鸡		北京	肉用	羽毛呈赤褐色、黄色，冠羽、胫羽、髯须明显，俗称“凤头”“毛腿”“胡子嘴”	120	2.1	1.7	76.6	64.6	83.5	70.7
惠阳胡须鸡		广东	肉用	单冠直立，颌下有胡须，无肉垂或仅有一些痕迹。羽毛、胡须、喙、胫、趾均为黄色	120	2.2	1.8	78.7	75.6	87.5	84.8
桃源鸡	 	湖南	肉用	体形高大，单冠，公鸡羽毛呈金黄色或红色，母鸡羽毛有黄色和麻色两个类型，喙、胫均呈青灰色	160	3.4	3.0	75.9	73.6	84.9	82.1

模块 3　鸡的现代品种

鸡的现代品种简称现代鸡种，属于配套品系，即在少数几个标准品种或地方品种基础上，先培育出专门化的品系（父系和母系），再通过杂交选育出杂交优势最好的杂交组合，通过杂交而生产出的商品杂交鸡生活能力强，生产性能高且整齐一致，商品竞争力强，适合大规模集约化工厂饲养。现代鸡种对外貌要求不严。按经济用途将现代鸡种分为现代蛋鸡品种和现代肉鸡品种。

一、现代蛋鸡品种

现代蛋鸡根据蛋壳颜色可分为：白壳蛋鸡、褐壳蛋鸡、粉壳蛋鸡和绿壳蛋鸡。

1. 白壳蛋鸡

白壳蛋鸡主要是以白来航鸡为基础育成的，是蛋用型鸡的典型代表。白壳蛋鸡羽毛多为白色，可根据初生雏鸡羽速自别雌雄。目前国内外以白壳蛋鸡的饲养数量为最多，分布地区也最广，最适于集约化笼养管理。白壳蛋鸡有以下优点：开产早，产蛋量高；无就巢性；个体小，耗料少，料蛋比低；适应性强，适合在各种气候条件下饲养；蛋中血斑率和肉斑率很低。白壳蛋鸡的缺点是胆小怕人，抗应激性较差；好动爱飞，平养条件下需设较高的围栏；啄癖多，特别是开产初期啄肛造成的伤亡率较高。代表品种有京白 938、海兰 W-36、巴布考克 B-300、尼克白等，其中京白 938 如图 4-1 所示。

著名白壳商品代蛋鸡的主要生产性能见表 4–4。

图 4–1　京白 938

表 4–4　　　　著名白壳商品代蛋鸡的主要生产性能

品种	育成公司	50%开产日龄（天）	年均产蛋量（枚）	平均蛋重（g）
京白 904	北京市种禽公司	150	288	59
京白 938	北京市种禽公司	160	303	59
滨白 584	东北农业大学	160	281	60
罗曼白	德国罗曼公司	150	300	63
海兰 W–36	美国海兰国际公司	146	305	63
海赛克斯白	荷兰优利布里德公司	160	274	60
星杂 288	加拿大雪佛公司	156	270	60
巴布考克 B–300	美国巴布考克公司	160	285	59
迪卡白	美国迪卡公司	146	293	62
尼克白	美国尼克公司	156	272	60

2. 褐壳蛋鸡

褐壳蛋鸡多以洛岛红鸡或新汉夏鸡为父系，洛岛白鸡或白洛克鸡为母系培育而成。褐壳蛋鸡羽毛多呈红色，商品代初生雏鸡可根据羽毛颜色自别雌雄。褐壳蛋鸡相对于白壳蛋鸡来说有下列优点：蛋重大，蛋壳厚，蛋的破损率较低，适于运输和保存；鸡的性情温顺，抗应激能力强，便于管理；体重较大，产肉量较高；啄癖少，死亡、淘汰率较低。褐壳蛋鸡的缺点是：体重较大，饲料消耗较高；体形大，每只鸡所占面积比白色鸡多；耐热性较差；蛋中血斑率和肉斑率高。代表品种有伊莎褐、海兰褐（如图 4-2 所示）、罗曼褐等。著名褐壳商品代蛋鸡的主要生产性能见表 4-5。

图 4-2　海兰褐

表 4-5　　著名褐壳商品代蛋鸡的主要生产性能

品种	育成公司	50%开产日龄（天）	年均产蛋量（枚）	平均蛋重（g）
伊莎褐	法国伊莎公司	168	292	63
海兰褐	美国海兰国际公司	156	308	60
迪卡褐	美国迪卡公司	157	305	63

续表

品种	育成公司	50%开产日龄（天）	年均产蛋量（枚）	平均蛋重（g）
罗曼褐	德国罗曼公司	155	290	64
海赛克斯褐	荷兰优利布里德公司	145	302	63

3. 粉壳蛋鸡

粉壳蛋鸡是由洛岛红品种与白来航品种正交或反交所产生的鸡。羽色以白色为基础，有黄、黑、灰等杂色羽斑。可根据初生雏鸡羽速自别雌雄。其蛋壳颜色介于白壳和褐壳之间，为粉红色，中等厚。其主要特点是产蛋量高，饲料转化率高，但生产性能不够稳定。代表品种有星杂 444、京白 939、尼克粉（如图 4-3 所示）等。著名粉壳蛋鸡主要生产性能见表 4-6。

图 4-3　尼克粉

表 4-6　　著名粉壳商品代蛋鸡主要生产性能

品种	育成公司	50%开产日龄（天）	年均产蛋量（枚）	平均蛋重（g）
星杂 444	加拿大雪佛公司	157	273	64
京白 939	北京市种禽公司	158	302	62
尼克粉	美国尼克国际公司	156	255	61
雅康	以色列 PBU 公司	161	273	62
罗曼粉	德国罗曼公司	140	300	63

4. 绿壳蛋鸡

绿壳蛋鸡是利用我国特有的原始绿壳蛋鸡遗传资源，进行纯系选育和杂交配套育成的。其主要特点是：体形小，产蛋量较高，蛋壳颜色为绿色，蛋品质优良，蛋重偏小，比白壳蛋鸡耗料少。代表品种有新杨绿壳蛋鸡、三凰绿壳蛋鸡、东乡黑羽绿壳蛋鸡（如图 4-4 所示）等。我国主要绿壳商品代蛋鸡外貌特征和主要生产性能见表 4-7。

图 4-4　江西东乡黑羽绿壳蛋鸡

表 4-7　我国主要绿壳商品代蛋鸡外貌特征和主要生产性能

品种	培育基地	外貌特征	50%开产日龄（天）	年均产蛋量（枚）	平均蛋重（g）
新杨绿壳蛋鸡	上海新杨家禽育种中心	羽毛白色，多数鸡身上带有黑斑	162	238	49
三凰绿壳蛋鸡	江苏省家禽研究所	黄羽、黑羽，单冠，黄喙、黄腿，耳叶红色	152	198	53
昌系绿壳蛋鸡	江西省南昌市	毛色有白羽型、黑羽型、麻羽型、黄羽型	182	89	51
招宝绿壳蛋鸡	福建省招宝生态农庄公司	母鸡羽毛黑色，黑皮、黑肉、黑骨、黑冠	168	143	43
东乡黑羽绿壳蛋鸡	江西省东乡县	鸡羽毛黑色，喙、冠、皮、肉、骨、趾均为乌黑色	175	152	50

二、现代肉鸡品种

现代肉鸡品种都是配套品系，主要是通过肉用型鸡的专门化父系和专门化母系配套杂交育成的。现代肉鸡一般分为快大型肉鸡和优质型肉鸡。

1. 快大型肉鸡品种

快大型肉鸡多为白羽，父系大多采用科尼什鸡，母系主要采用白洛克鸡。其生长速度极快，5~7 周龄体重即可达到 2. 5 kg，耗料增重比平均为 2 : 1，代表品种有爱拔益加肉鸡、艾维茵肉鸡（如图 4-5 所示）、罗曼肉鸡等。部分世界著名肉鸡（商品代）的主要生产性能见表 4-8。

图 4-5　艾维茵肉鸡

表 4-8　部分世界著名肉鸡（商品代）的主要生产性能

品种	育成公司	42 日龄		49 日龄		56 日龄	
		平均体重（kg）	平均料肉比	平均体重（kg）	平均料肉比	平均体重（kg）	平均料肉比
爱拔益加肉鸡	美国爱拔益加公司	1.8	1.74∶1	2.5	1.91∶1	2.9	2.09∶1
艾维茵肉鸡	美国艾维茵国际育种公司	1.9	1.85∶1	2.3	1.97∶1	2.7	2.12∶1
罗斯 308	英国罗斯育种公司	1.7	1.89∶1	2.1	2.01∶1	2.2	2.15∶1
海布罗肉鸡	荷兰泰高集团优利公司	1.6	1.84∶1	2.0	1.96∶1	2.3	2.08∶1
狄高肉鸡	澳大利亚狄高公司	1.8	1.84∶1	2.2	1.96∶1	2.7	2.09∶1
伊莎肉鸡	法国伊莎公司	1.8	1.84∶1	2.2	1.98∶1	2.6	2.12∶1

2. 优质型肉鸡品种

我国优质型肉鸡品种多为具有“三黄”（黄羽、黄腿、黄皮肤）特征的地方良种及其杂交种，因此一般都带有地方特点，普遍生长周期长，料肉比高，肉质好，肉味浓香。近年来有引进品种，具有生长周期短，料肉比低等特点。我国优质型肉鸡分为两类：一类是三黄鸡地方品种，另一类是改良或选育品种。

（1）三黄鸡地方品种。该类鸡是未经杂交改良的我国三黄鸡地方品种，如图 4–6 所示。其肉质细嫩，味道鲜美，营养丰富，是我国普遍饲养的鸡。具有体形小、外貌“三黄”等特点，代表品种有北京油鸡、浦东鸡、惠阳胡须鸡、清远麻鸡、桃源鸡、大骨鸡等。

图 4–6　三黄鸡

（2）改良或选育品种。该类鸡是以引进外来品种隐性白羽肉鸡为母本，以自己培育的黄羽肉鸡为父本培育出来的品种，商品鸡具有明显的三黄鸡特征。改良品种既具有白羽肉鸡生长速度快、饲料利用率高的特点，也具有黄羽肉鸡适应性强、抗病力强、肉质鲜美的特点，如新浦东鸡、宫廷黄羽肉鸡、石岐杂鸡等。我国改良或选育的肉鸡的品种、育成史等的介绍见表 4-9。

表 4-9　我国改良或选育的肉鸡介绍

品种	育成史	外貌特征	出栏日龄（天）
新浦东鸡	上海农业科学院，以洛岛红鸡、红科尼什鸡、白洛克鸡作为父本，以浦东鸡作为母本进行杂交选育而成	该鸡着重保留浦东鸡的特色，但体躯较长而宽，胫部略粗短且无胫羽	65
宫廷黄羽肉鸡	以北京油鸡为父本，以矮洛克鸡为母本选育而成	具有北京油鸡的特点，即“三黄”；大腿飞节处和爪上长翅羽，行走似舞，颇具观赏价值	90
北京黄羽肉鸡	北京市畜牧兽医研究所，以北京油鸡及其他黄羽肉鸡杂交选育而成	具有北京油鸡的特点且骨骼纤细，皮肤细密，黄羽、黄脚、黄皮肤	90
石岐杂鸡	香港以惠阳鸡、清远麻鸡和石岐鸡与新汉夏鸡、白洛克鸡、科尼什鸡等杂交改良而成	具有三黄鸡的黄羽、黄皮、黄脚，短脚、圆身、薄皮、细骨、肉厚、味浓等特征	110~120

第5单元 鸡的配种及孵化技术

模块1 鸡的配种

一、种鸡的选择

种公鸡的选择历时较长，要经过从出雏到性成熟以后这段时间的观察。种公鸡的质量直接影响种蛋的受精率，因此不论是自然交配还是人工授精，均必须加强对种公鸡的选择，种公鸡的选择分四次进行。

第一次选择：在孵出后进行，选留生殖器突起发达、结构典型的小公雏。

第二次选择：在育雏末期6~8周龄时，根据体重和鸡冠的发育程度，选体重较大、发育良好、冠髯大且鲜红的个体。

第三次选择：在17~18周龄进行，也可与转群同时进行。选择体重达标、发育良好、活泼健壮、腹部柔软、羽毛丰满、冠髯大且鲜红、按摩时有性反应的公鸡。

第四次选择：一般在20周龄（兼用型鸡、肉用型鸡可推迟1~2周）进行选留。平养方式下应在公母混群交配后10~20天时进行选留，淘汰性欲差、交配能力低或常常呆立一旁的公鸡。对于那些用于人工授精配种的公鸡，要通过采精训练，选留射精量大、精液品质好的公鸡。

二、配偶比例与种鸡利用年限

1. 配偶比例

若要保证较高的受精率，又不因为多养种公鸡而浪费饲料，公母比例必须适当。自然交配适宜的公母比例是：轻型鸡 1∶12～1∶15，中型鸡 1∶10～1∶12，重型鸡 1∶8～1∶10；人工授精适宜的公母比例是 1∶25～1∶40。以上比例可以依种公鸡的年龄、健康状况、气候以及饲养条件而略加调整。

2. 种鸡利用年限

种公鸡从 22 周龄开始用于配种，72 周龄前其受精率下降不是很明显，优秀的种公鸡可使用 3 年。种母鸡从 26 周龄开始用于配种，第一年产蛋量最高，以后逐年下降。因此，一般商品场和繁殖场饲养的种母鸡利用年限为 1 年，育种场的优秀种母鸡可利用 2～4 年。

三、自然交配

鸡的配种分为自然交配和人工授精两种方式。自然交配是将公鸡和母鸡混合饲养，自发地进行交配、排卵、受精和产蛋这一繁殖过程。在自然交配中，选择鸡群数量有下列两种方式。

1. 大群配种

大群母鸡（100～1 000 只）中按 8∶1～15∶1 的比例放入一定数量的公鸡，让其自由交配。这种配种方法受精率高，但不能确切知道雏鸡的父母，此法多用于繁殖种鸡场（父母代鸡场）。大群配种宜选用青壮年种公鸡，年老的种公鸡不适用于大群配种。

2. 小群配种

小群配种也称小间配种，在每个隔离的小圈内饲养 1 只种公鸡再放入合适数量的母鸡，让其自由交配。这种方法适用于鸡群数量较少的鸡场，一般只用于育种场。

四、人工授精

1. 采精技术

（1）采精前的准备

1）公鸡准备。公鸡在 20~22 周龄要进行采精训练，每天一次或两天一次，一般连续训练 3~4 次方可采到精液，一旦采到精液就应坚持隔天采精。为了防止粪便污染，采精前应将泄殖腔周围的羽毛剪掉，并在采精前 3~4 h 停食。

提示

采精前最好准备一个保温杯，保温杯里盛有 35~40 ℃的水，采到精液后把盛有精液的集精杯插入到保温杯里，以防精子活力下降。

2）器具准备。采精用的集精杯（如图 5-1 所示）以及其他用具都应清洗、消毒、烘干后备用，如果没有烘干设备，也可以用蒸馏水煮沸消毒，再用生理盐水冲洗 2~3 次，使用前对集精杯要做预热（35~40 ℃）处理。

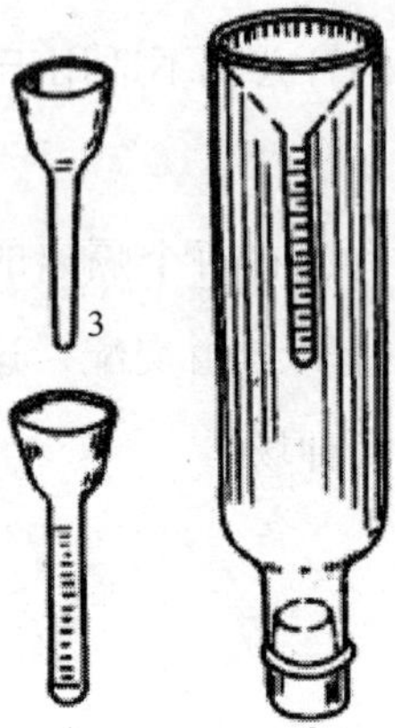

图 5-1　集精杯

1—漏斗形集精杯　2—可保温的集精杯　3—实心的漏斗集精杯

提示

鸡的精液量和精子密度，随采精次数的增多而减少，隔日采精 1 次既不影响精液品质，又能采到更多精液。若配种任务重，也可以在 1 周之内连续采精 3~5 天，但应注意公鸡的营养状况及体重变化。

（2）采精操作。采精常用的方法为背腹式按摩法，一般需两人协作完成，一人保定，一人采精。

1）保定。保定人员用左手握住公鸡的双腿根部稍向下压，使公鸡头部朝下，臀部朝上，尽量接近自然交配状态。

2）按摩。采精人员用右手的中指与无名指将集精杯夹住，杯口朝向手背，从翅根部到尾羽区轻抚数次。当看到泄殖腔外翻后，左手顺势将尾羽拨向背侧，用拇指和食指在泄殖腔上方两侧柔软部位轻轻挤压，右手在泄殖腔下缘腹部两侧轻轻按摩。

3）集精。当公鸡露出交配器时，用左手拇指与食指作适当挤压，精液即流出，右手持集精杯收集精液。

（3）采精的注意事项

1）采精人员应相对固定，动作要轻柔、迅速。

2）一只公鸡最好单独使用一只集精杯。

3）采精间隔以隔日采精 1 次为宜。

4）采到的精液 30 min 内必须使用完毕。

（4）精液品质的评定。精液品质检查的项目、测定方法以及合格精液的品质要求见表 5-1。

表 5-1　　精液品质检查

检查项目	测定方法	品质要求
外观	肉眼观察	精液为乳白色、不透明液体
采精量	用刻度吸管或带刻度的集精杯	采精量一般为 0. 4~1 mL
精子密度	用红细胞计数板来计数	每毫升精液精子数在 25 亿~40 亿个
精子活力	用显微镜检查	活力达 0. 6 以上
精液的 pH	用 pH 试纸或酸度计	pH 一般为 6. 2~7. 4

（5）精液稀释。采精后应尽快稀释，将稀释液缓慢加入装有精液的试管内，稀释液和精液温度应相近，以免影响精子活力。在实际生产中，通常用灭菌的 0. 9%生理盐水作为稀释液稀释鸡的精液，一般常温保存且稀释液与精液以 1 : 1 的比例为宜。

（6）精液的保存

1）常温保存。在 18~20 ℃范围内，保存不超过 1 h，用生理盐水稀释，比例为 1∶1。鸡的精液一般多采用此法保存。

2）低温保存。在 0~5 ℃范围内，保存 5~24 h，用稀释液稀释，比例为 1∶1~1∶2。低温保存时降低温度速度应缓慢，一般每分钟下降 0.2~0.5 ℃。

2. 输精技术

（1）输精前的准备。鸡常用的输精器有滴管、注射器（如图 5-2 所示）以及输精枪（如图 5-3 所示）等，用以上器具输精时使用一种即可。输精器应清洗、消毒（可以用蒸馏水煮沸消毒）、烘干后备用。

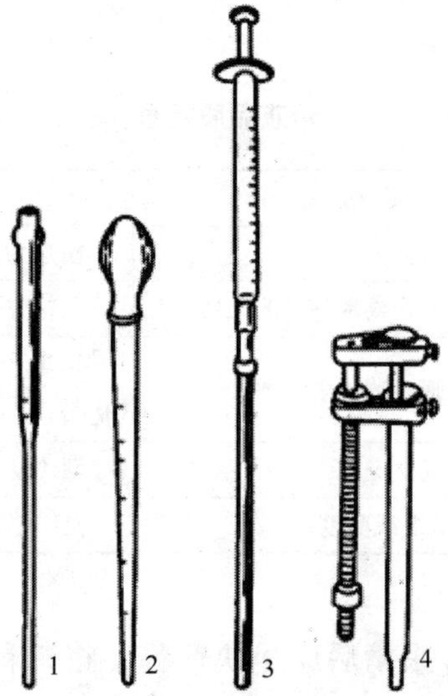

图 5-2　普通输精器

1、2—有刻度的滴管

3—1 mL 注射器（前端连接塑料管或玻璃管）

4—可调节定量输精器

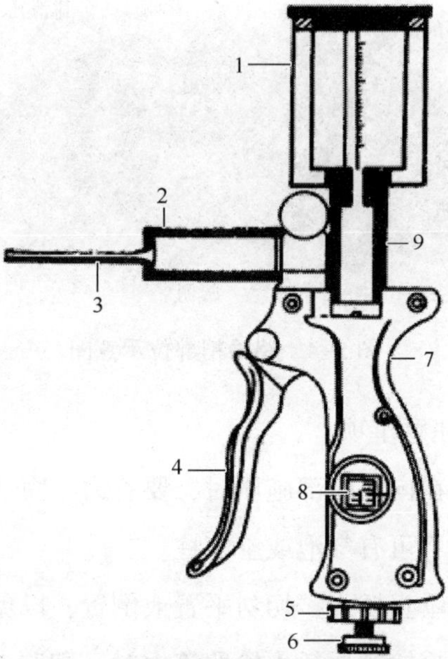

图 5-3　定量连续输精器（输精枪）

1—保温精液瓶　2—保温出液管　3—输精管　4—扳手　5—紧固螺母
6—调节螺杆　7—枪体　8—刻度　9—保温进液腔

（2）输精操作。输精操作一般由 2 人完成，其中 1 人翻肛，1 人输精。

1）翻肛。翻肛人员抓母鸡两脚，使鸡头朝下，泄殖腔向上，保定于笼门口。左手掌轻轻接触母鸡左腹，左手拇指和食指在腹部柔软处施以一定压力，母鸡产生性反射，泄殖腔开口自然翻出。

2）输精。母鸡翻肛后，输卵管开口外翻，输精人员迅速将吸有精液的输精器插入其中，注入精液，注完后立即抽回输精器。鸡输精部位如图 5-4 所示。

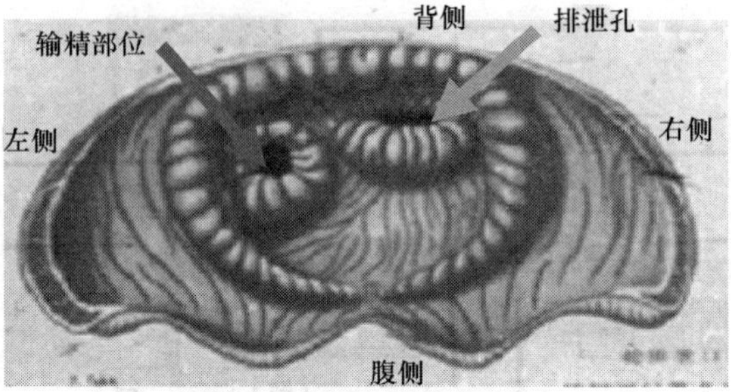

图 5-4　鸡输精部位示意图

（3）输精的注意事项

1）翻肛人员在向鸡腹部施压时，要着力于腹部左侧。

2）输精器中不可有气泡或空气柱。

3）将输精器垂直插入，切勿平置或倒置，以免精液倒流。

4）输精人员将输精器插入输卵管内时，翻肛人员应立即解除对鸡腹部的压力。

5）防止交叉感染。

6）输精后第 3 天方可收集种蛋。

（4）输精的部位和深度。输精的部位在泄殖腔左侧，一般应输精于浅部阴道，即将输精管插入阴道口 2~3 cm。

（5）输精量和输精次数。母鸡应每隔 4~5 天输精 1 次，每次的输精量应为原精液 0.025 mL，首次输精应加倍，或连输 2 次，以确保受精率。

（6）输精时间。每次输精应在大部分鸡产完蛋后进行，一般在下午 3—4 点以后。鸡输精操作如图 5-5、图 5-6 所示。

图 5-5　鸡输精前翻肛操作

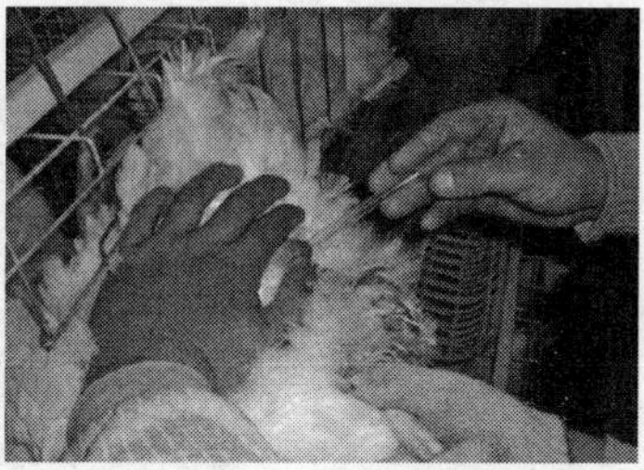

图 5-6　鸡输精操作

模块 2　鸡的孵化技术

一、鸡蛋的构造和形成

1. 鸡蛋的构造

鸡蛋由外到内可分为胶护膜、蛋壳、壳膜、蛋白、蛋黄、胚盘（或胚珠）等，如图 5-7 所示。

（1）胶护膜。胶护膜是覆盖于蛋壳表面的一层胶质黏膜，是可溶性蛋白质，能保护蛋不受外界微生物侵入和防止蛋内水分蒸发。储存时间长、水洗、孵化的鸡蛋，胶护膜逐渐脱落或不明显。

（2）蛋壳。蛋壳是蛋的最外层硬壳，厚度为 0.26 ~ 0.38 mm。蛋壳主要成分是碳酸钙，起着保护蛋黄和蛋白及固定蛋形的作用。蛋壳上布满了气孔，气孔是孵化过程中胚胎进行呼吸作用的通道，蛋内水分也通过气孔向外蒸发。

（3）壳膜。壳膜有两层，紧贴着蛋壳的叫外壳膜，贴在蛋白表

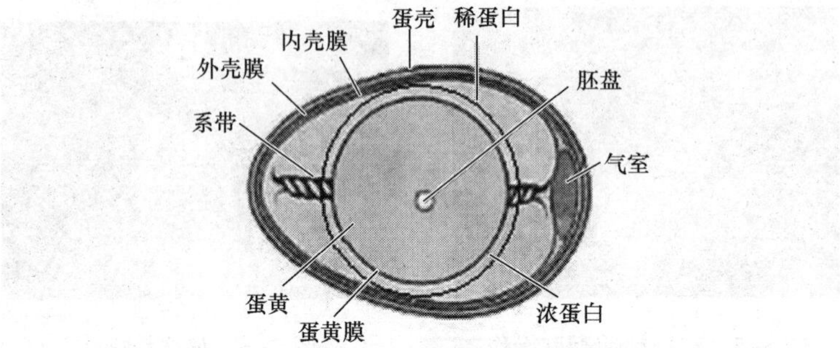

图 5-7　鸡蛋构造示意图

面的叫内壳膜。两层膜紧贴在一起，只有在蛋的钝端（大头）分离形成气室。随着蛋内水分的减少，气室会逐渐扩大。

（4）蛋白。蛋白又称蛋清，是一种透明的半流动胶体物质，分浓蛋白和稀蛋白。从蛋壳往内依次分为外稀蛋白、外浓蛋白、内稀蛋白和内浓蛋白四层。蛋白具有保护胚胎的作用，并且供应胚胎发育所需的氨基酸、微量元素、维生素及蛋白酶、淀粉酶、氧化镁和溶菌酶等。

（5）蛋黄。蛋黄是蛋中最富有营养的部分，也是胚胎发育的重要营养库。蛋黄膜是一层微细而紧密的薄膜，紧贴在蛋黄表面，起着保护蛋黄和胚胎的作用。

（6）胚珠与胚盘

1）胚珠。未受精的卵子在蛋的形成过程中不再分裂，蛋黄表面有一小白点，直径 1 mm 左右，称为胚珠。

2）胚盘。受精卵在蛋的形成过程中，经过分裂，形成中央透明、周围较暗的同心圆，直径 3 mm 左右，称为胚盘。

2. 鸡蛋的形成

鸡蛋是在母鸡的生殖器官（卵巢和输卵管）中形成的，见表 5-2。母鸡在性成熟后，卵巢上含有许多大小发育不同的卵泡，每个卵泡内含一个卵子，一个卵巢用肉眼可以观察到 2 000 枚左右的卵泡，用显微镜可观察到大约 12 000 枚的卵泡，这些卵泡逐渐发育成熟后而排出。在输卵管处，卵泡的外面会依次形成蛋白、壳膜、蛋壳和胶护膜等。

小知识

卵子在形成蛋前叫卵黄，形成蛋后叫蛋黄。

表 5-2　　鸡的生殖器官在蛋形成过程中的作用

部位		长度（cm）	停留时间	功能
卵巢			7~9 天	形成卵黄
输卵管	漏斗部	3~9	15 min	承接卵黄，精卵结合部位
	膨大部	30~50	3 h	分泌蛋白
	峡部	10	80 min	形成内外壳膜，注入水和盐
	子宫	10~12	18~20 h	形成蛋壳、色素、胶护膜
	阴道	8~10	几分钟	产蛋

二、胚胎发育

1. 蛋形成过程中的胚胎发育

成熟的卵子在输卵管的漏斗部与精子结合，形成受精卵。进入峡部时发生第一次细胞分裂，接下来经过不断分裂，进入子宫 4 h 后，形成含有 512 个细胞的胚盘。蛋在产出前达到原肠期（胚胎发育的一个阶段)，胚盘形成两个中央透明（明区）、周围不透明（暗区）的同心圆。形成两个胚层，四种胚外膜：卵黄囊、羊膜、浆膜、尿囊。蛋产出体外后因为温度低于临界温度，胚胎发育处于停滞状态。

小知识

鸡胚低于某一温度胚胎发育将被抑制，要高于这一温度时胚胎才开始发育，这一温度叫临界温度，鸡的临界温度为 23.9 ℃。

提示

如何识别蛋是否受精?

灯光下照检，蛋的中心卵黄的位置有中间亮、边缘暗的同心圆，通常是已经受精的蛋，否则就是未受精蛋。

2. 孵化过程中的胚胎发育

鸡的孵化期是 21 天，种蛋入孵后，开始进一步发育，从形态上看大致分为四个时期：早期、中期、后期以及出壳期。

（1）早期 1~4 天：内部器官发育阶段，形成中胚层，再由三个胚层形成雏鸡各种组织和器官。

（2）中期 5~14 天：外部器官发育阶段，脖颈增长，翼、喙明显，四肢形成，腹部闭合，出现绒羽和鳞片。

（3）后期 15~19 天：鸡胚生长阶段，胚胎逐渐长大，肺血管形成，卵黄收入腹腔，开始利用肺呼吸。

（4）出壳期 20~21 天：雏鸡长成，破壳而出。

3. 胚胎发育的观察

不同日龄鸡胚发育和照蛋特征，见表 5-3。

表 5-3　　鸡胚胎发育不同日龄的特征

日龄（天）	照蛋图	照蛋特征	胚胎发育特征	日龄（天）	照蛋图	照蛋特征	胚胎发育特征
1	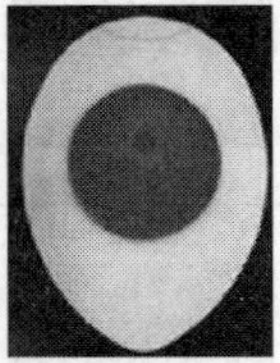	卵黄表面有颜色稍深、四周稍亮的圆点，俗称“鱼眼珠”	胚盘开始发育，器官原基出现	4	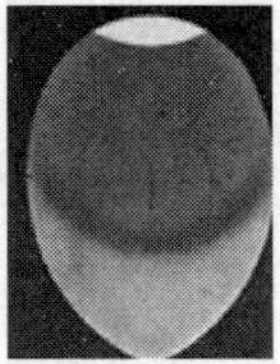	胚胎和卵黄囊血管形状像蜘蛛，称“小蜘蛛”	胚盘头部明显增大，尿囊明显
2	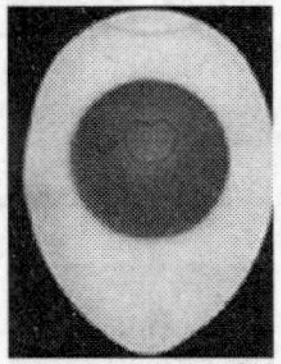	卵黄囊血管区的形状像樱桃，俗称“樱桃珠”	胚盘心脏开始跳动，卵黄囊血管出现，开始进行血液循环	5	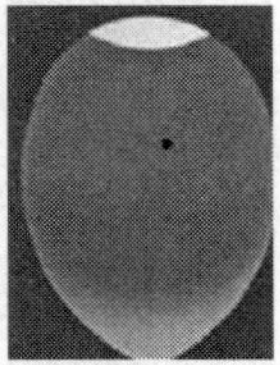	看到黑色的眼点，俗称“起珠”“单珠”	眼球开始发黑，四肢开始发育
3	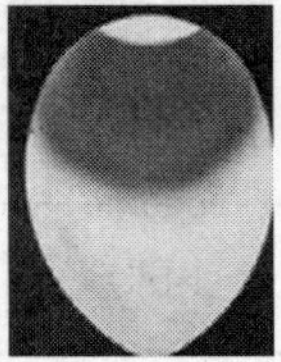	卵黄囊血管区的形状像蚊子，俗称“蚊虫珠”	胚盘头尾分明，内脏、尿囊开始发育	6	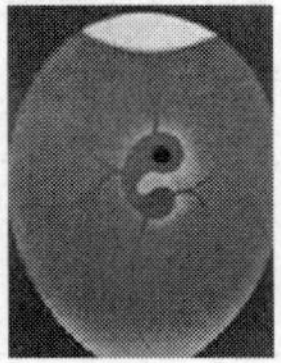	一端是头部，另一端是躯干部，俗称“双珠”	胚胎躯体增大并开始活动，羊膜开始收缩

续表

日龄（天）	照蛋图	照蛋特征	胚胎发育特征	日龄（天）	照蛋图	照蛋特征	胚胎发育特征
7	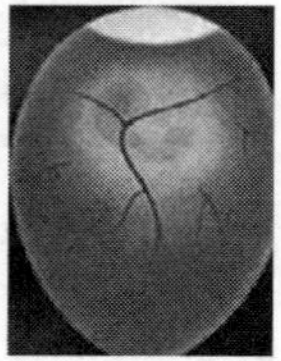	羊水增多，胚胎似沉在羊水中，俗称“沉珠”	羊水增多，肉眼可以分辨出雌雄性腺	10	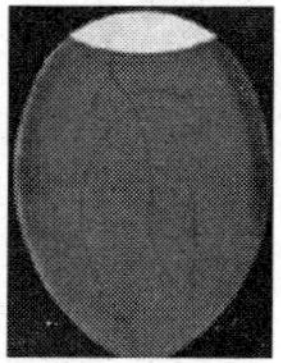	整个蛋除气室外都布满了血管，俗称“合拢”	尿囊完全包围了卵黄、胚体和蛋白，胎体生出羽毛
8	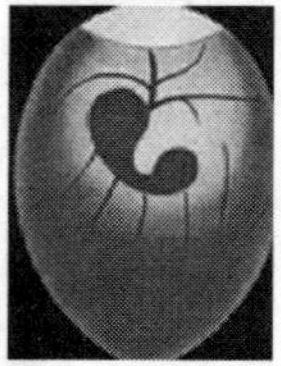	羊水增多，胚胎在羊水中浮动，俗称“浮珠”	四肢成形，用放大镜可以看到羽毛原基	11	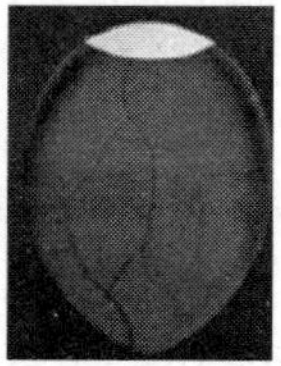	血管开始加粗，血管颜色开始加深	胚盘各器官进一步发育
9	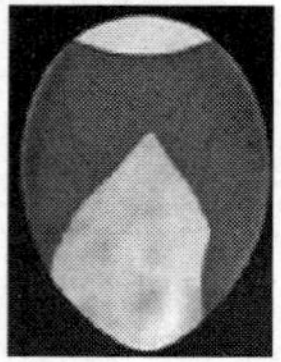	下部尿囊血管伸展越出卵黄，又称“发边”	尿囊向小头伸展，腹腔闭合，软骨开始骨化	12	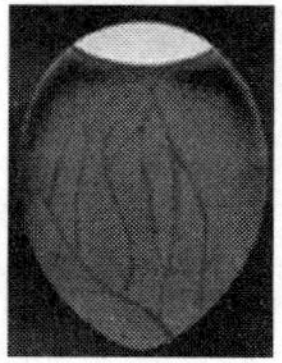	血管加粗，血管颜色逐渐加深	小头蛋白由浆羊膜道输入羊膜腔中

续表

日龄（天）	照蛋图	照蛋特征	胚胎发育特征	日龄（天）	照蛋图	照蛋特征	胚胎发育特征
13	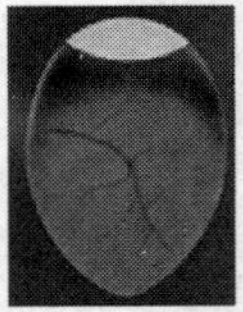	小头发亮部分逐日缩小	胚胎开始吞食羊膜腔中的蛋白	17		小头已看不到发亮的部分，俗称“关门”	小头蛋白已全输入羊膜腔中，胚胎长满小头
14	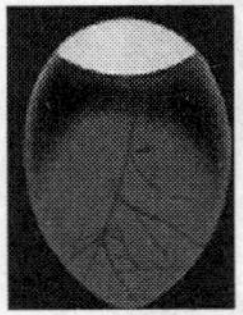	小头发亮部分逐日缩小，蛋内黑影逐日增大	胚胎大量吞食羊膜腔中的蛋白	18		气室向一边倾斜，俗称“斜口”或“转身”	胚胎喙伸向气室，蛋白已被吞食干净
15	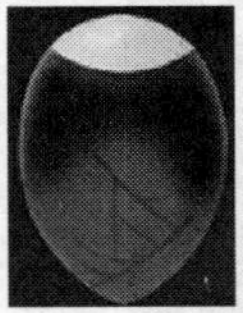	小头发亮部分逐日缩小，蛋内黑影逐日增大	尿囊中有白色絮状排泄物出现	19	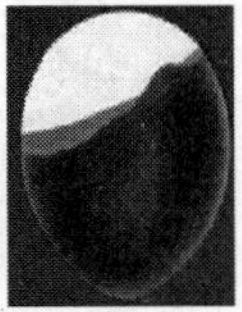	气室内可以看到黑影在闪动，俗称“闪毛”	胚胎头部进入气室，卵黄全部纳入腹中
16	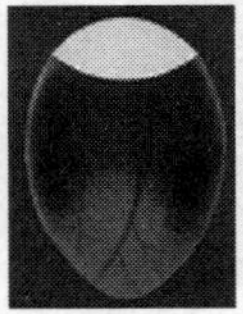	小头发亮部分逐日缩小，蛋内黑影逐日增大	胚胎生长迅速，绒毛覆盖全身，气室增大	20	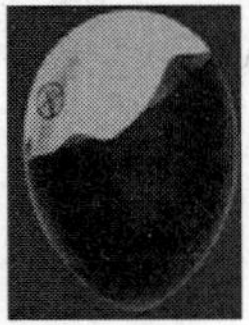	喙部穿破壳膜，伸入气室内，俗称“起嘴”“啄壳”	肺呼吸开始，尿囊血管枯萎

三、种蛋的选择、消毒、保存与运输

1. 种蛋的选择

（1）种蛋来源。种蛋应来源于高产、健康的良种鸡群，该鸡群必须遗传性能稳定，生产性能优良，公母比例适当。

（2）清洁度。蛋壳粘有粪便、破蛋液或者被湿垫料污染的鸡蛋都不能用来孵化。轻度污染的种蛋需要经过擦拭和消毒才能进行孵化。

（3）蛋重。蛋重要符合本品种标准，过大或过小的蛋孵化效果均不如正常的蛋，所以过大或过小的蛋都不作种用。蛋重一般要求52~68 g，不同的品种其要求也有所差异。

（4）蛋形。蛋形要为本品种标准蛋形，过长或过圆的蛋孵化效果均不好。蛋形指数是鸡蛋纵径（长径）与横径（短径）的比值，合格种蛋的蛋形指数一般在1.3~1.39之间。蛋形指数用游标卡尺测定，如图5-8、图5-9所示。

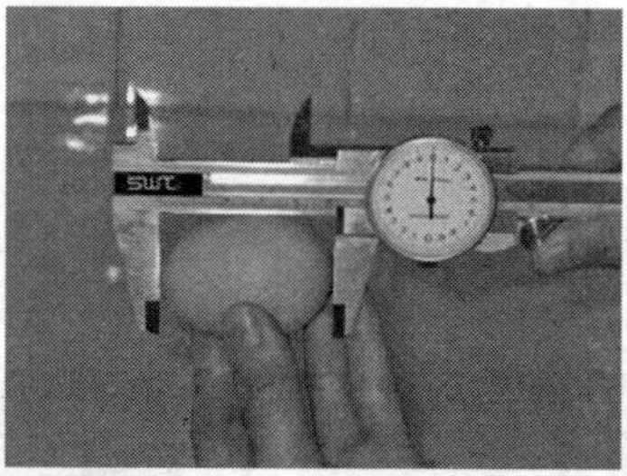

图5-8 用游标卡尺测定蛋纵径

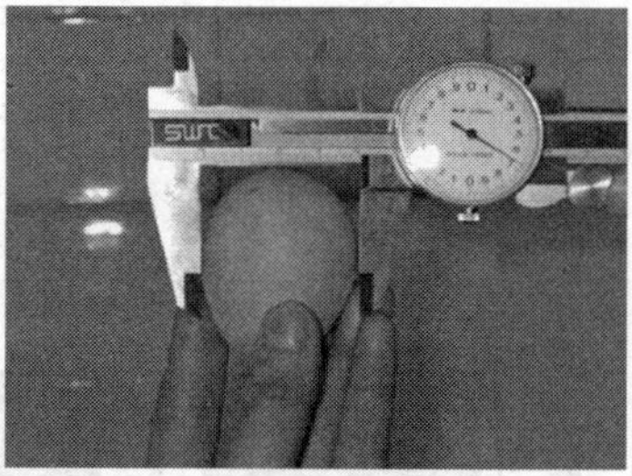

图5-9 用游标卡尺测定蛋横径

（5）蛋壳颜色。鸡的品种不同蛋壳颜色也会有所不同，但种蛋的蛋壳颜色必须符合本品种特征。蛋壳颜色可以通过肉眼观察记录，也可以通过光电反射式色度仪测定。

(6) 蛋壳厚度。适宜的蛋壳厚度不仅破损率低，而且能有效地减少细菌的穿透，孵化效果好。蛋壳厚度在 0.33~0.35 mm 之间的为合格种蛋，而厚度在 0.40 mm 以上的钢皮蛋和 0.27 mm 以下的薄皮蛋都应剔除。

(7) 内部质量。对种蛋的蛋壳结构、气室大小、位置、血斑、肉斑等情况，采用照蛋器进行透视检查。对有裂纹、气室破裂、气室不正、气室过大、大血斑以及肉斑等情况的蛋应予以剔除。

(8) 抽验剖视。抽验剖视种蛋，测定哈氏单位、蛋黄指数、血斑、肉斑等情况，以进一步判断种蛋的内部品质。此法多在孵化率异常时进行抽样测定。

2. 种蛋的消毒

(1) 消毒时间。鸡蛋产出后，往往被粪便、垫料等污染，随着存放时间延长，其污染程度加重，种蛋消毒的目的就是杀死蛋壳表面的病原菌。种蛋的消毒要分三次进行，第一次是捡蛋后尽快进行一次熏蒸消毒；第二次是在种蛋入孵时再进行一次消毒；第三次是在出雏器中进行熏蒸消毒。

(2) 消毒方法。种蛋消毒有气体熏蒸消毒、消毒药液浸泡消毒、喷洒消毒、紫外线照射消毒等几种方法。生产中常用高锰酸钾和福尔马林进行熏蒸消毒，每立方米空间用高锰酸钾 15 g，福尔马林 30 mL。操作方法：将高锰酸钾放入陶瓷或搪瓷器皿内（器皿要足够大，通常来说器皿的容量应为所需的福尔马林体积的 4 倍以上，以防发生反应时液体溅出伤人），然后倒入福尔马林，人即迅速离开，密闭鸡舍（密闭 20~30 min 后排出余气）。切记不可颠倒，否则福尔马林易溅出造成危险。

3. 种蛋的保存与运输

（1）种蛋的保存。种蛋入库前应在鸡舍进行初级分拣，入库后种蛋保存方法是将锐端向下放置在蛋托内，摆放整齐。种蛋越新鲜，孵化率越高。保存时间以产后 2~5 天为宜，一般不超过 7 天。保存的适宜温度为 13~18 ℃，要求的湿度较高，相对湿度一般为 70%~75%。蛋库要求通风良好，卫生干净，隔热性能好。

小知识

鸡蛋的锐端是指蛋的小头，钝端是指蛋的大头。

种蛋保存时间若在 7 天内可不翻蛋，若保存时间超过 7 天，则每天翻蛋 1~2 次。保存时间超过 7 天可以放到充满氮气的容器内，保持适宜温度和湿度，这样孵化率就不会下降得太快。

（2）种蛋的运输。种蛋用特制的纸箱和蛋托放置，蛋箱装满后打包就可以运输了。种蛋在运输途中要求既平稳又快速，严防颠簸，要注意避免日晒、受冻和雨淋。长距离运输最好选择空运，也可用空调车，温度为 13~18 ℃，相对湿度 70%~75%。种蛋运抵孵化场后，不能马上入孵，待静置 6~12 h 后再上蛋孵化。

提示

可以根据室温来调节孵化温度，室温偏低，提高孵化温度 0.5~0.7 ℃；室温偏高，降低孵化温度 0.2~0.6 ℃。

四、种蛋的孵化

1. 孵化条件

（1）温度。鸡胚的发育对环境温度有一定的适应能力，温度在 35.0~40.5 ℃的较大范围内都能孵出雏鸡。温度偏高或偏低时虽然也能孵出雏鸡，但孵化率低。最适宜的孵化温度为：在孵化室温度为 22~26 ℃的前提下，入孵期间温度为 37.5~37.8 ℃，出雏期间为 36.9~37.2 ℃。根据孵化过程中温度是否发生变化，可以分为恒温孵化和变温孵化两种方式。

1）恒温孵化。将鸡的孵化期分为两个阶段，即入孵期和出雏期，入孵期为 1~18 天，出雏期为 19~21 天。恒温孵化是指入孵期温度保持恒定不变，出雏期温度也保持恒定不变。出雏期温度略低于入孵期温度。在 22~26 ℃的室温下，恒温孵化施温方案见表 5-4。恒温孵化多见于分批入孵和巷道式孵化器。

表 5-4　恒温孵化的施温方案

孵化期	胚龄（天）	温度（℃）
入孵期	1~18	37.8
出雏期	19~21	37.2

2）变温孵化。变温孵化也称降温孵化，即在孵化期要根据不同的鸡胚龄施以不同的温度。随着鸡胚龄的增加孵化温度逐渐降低。变温孵化是将孵化期分为 4 个阶段：孵化前期、孵化中期、孵化后期、出雏期，每个阶段降温 0.3 ℃（见表 5-5）。我国传统孵化多采用变温孵化法，现在大型孵化场整批入孵也多采用变温孵化。

表 5-5　　变温孵化的施温方案

孵化期	胚龄（天）	温度（℃）
孵化前期	1~5	38.1
孵化中期	6~12	37.8
孵化后期	13~18	37.5
出雏期	19~21	37.2

（2）湿度。对湿度的要求虽然不像对温度的要求那么严格，但是要得到理想的孵化效果，一般要求入孵期相对湿度为 60%~65%，出雏期则以 70%~75%为宜。湿度可以通过放置水盘和加湿器进行调节。孵化室内环境湿度对孵化器、出雏器湿度有一定影响，要求孵化室相对湿度为 60%~70%。

提示

湿度过高会阻碍水分蒸发，造成气室过小，雏鸡腹大，鸡胚组织水肿，脐部闭合不良；湿度过低，易引起气室过大，胚胎与蛋壳粘连，雏鸡干瘦，肌肉不丰满。

（3）通风换气。在鸡胚发育过程中，必须进行通风换气。通风的目的是供给胚胎所需的新鲜空气，排出胚胎产生的二氧化碳以及其他有害气体。随胚龄增加，通风量应逐渐增加，以保证充足的氧气。一般在孵化前期孵化器进出气孔可全部关闭，7 天胚龄时打开 1/3，10 天胚龄时打开 1/2，12 天胚龄后打开 2/3，到 14 天胚龄后应全部打开。

（4）翻蛋。翻蛋就是改变种蛋的孵化位置和角度。翻蛋既可防止胚胎与蛋壳粘连，还能促进胚胎的活动，保持胎位正常，以及使蛋受热均匀。入孵时蛋的钝端朝上放置，蛋盘倾斜 45°，在入孵期（1~18 天），每 2 h 翻蛋一次，每次翻蛋的角度以水平位置为标准，左右或前后各倾斜 45°。翻动角度较小不能起到翻蛋的效果，太大则易使尿囊破裂从而造成胚胎死亡。出雏期（19~21 天）不需要翻蛋。

（5）凉蛋。凉蛋是孵化中期以后关闭热源甚至将孵化器门打开，让胚蛋温度下降。在孵化中期以后，胚胎脂肪代谢加强，产热增多，需要散发多余的热量，以防超温。凉蛋可以促使胚胎发育并逐渐增强胚胎对外界气温的适应能力。每日凉蛋 1~3 次，每次 15~30 min，以蛋温不低于 30~32 ℃为限。一般用眼皮来试温，感觉微凉就应停止。虽然鸡蛋可以不凉蛋，但凉蛋能提高胚胎的生命活力。

2. 孵化前的准备工作

（1）制订孵化计划。根据设备、种蛋供应以及雏鸡销售等情况制订孵化计划。必须考虑到所有影响孵化效果的因素从而计算确定入孵的总蛋数。

（2）孵化室和孵化器清洗消毒。孵化前一周，应对孵化室、孵化器、蛋盘和出雏盘等进行清洗消毒。

1）孵化室的地面、墙壁、天棚均应彻底清洗消毒。可以用高锰酸钾和福尔马林进行熏蒸消毒，孵化室每立方米空间需高锰酸钾 15 g，福尔马林 30 mL。配制消毒药品时要注意安全，首次应在专业人员指导下进行。

2）孵化器内要彻底清理，然后用普通消毒剂（有机氯消毒剂、百毒杀、过氧乙酸等）进行喷雾、熏蒸以及擦拭消毒，除探头及重要电器部件，其他位置均要用消毒剂喷透。

3）蛋盘和出雏盘要彻底浸泡清洗后再用消毒液浸泡。

（3）孵化器调试运行。检查电动机，看其运转是否正常，检查翻蛋功能是否正常，各项参数设定是否正确，观察所有水管有无漏水，确定停电报警正常并开启停电报警按钮。打开电源试运行 1~2 天，机器运转正常即可入孵。

3. 孵化操作技术

（1）种蛋的预热、码盘、消毒、入孵

1）预热。入孵前要对种蛋进行预热，一般情况下于入孵前 12~18 h，先在 22~25 ℃室温下预热，种蛋上盘后逐个进行透视检查，以剔除裂纹蛋、破蛋及异物蛋。

2）码盘。装盘时应将种蛋钝端朝上，盘装满后，对每个蛋盘都要进行编号，并在孵化记录本上记录。

3）消毒。种蛋在入孵前再进行一次消毒，一般用高锰酸钾和福尔马林进行熏蒸消毒。

4）入孵。根据计划确定开机时间，当机内温度稳定在 38 ℃并持续几个小时后方可入孵。要及时详细填写各项纪录。入孵一般在下午 16：00—17：00 进行，这样大批出雏的时间就集中在白天，以便于工作，种蛋入孵现场如图 5-10、图 5-11 所示。

（2）温湿度和通风的观察与调节

1）温度调节。需要每隔 0.5~1 h 查看 1 次温度并记录。机内温度高于或低于规定温度的 0.5~1 ℃时，就要进行温度调节。温度调整还应该看胎施温，即根据胚胎发育的快慢（对胚蛋照检可以看出发育情况）对温度进行调整。调整温度要严禁忽高忽低，以免导致胚胎发育不良。

图 5-10　种蛋入孵

图 5-11　种蛋入孵后的孵化器内部

2）湿度调节。孵化过程中要每隔 2 h 查看 1 次湿度并记录。对于非自动调湿的孵化器，每天要定时往水盘中加温水，根据湿度高低来调节水盘数量和水温。对于自动调节湿度的孵化器，当湿度过高或过低时都会自动报警，可自动调节水分的蒸发。对于自动调湿装置应注意经常检查其灵敏性。

3）通风调节。应定期检查出气孔的开闭情况，根据胚龄和胚胎发育情况及时调整通风量。

（3）翻蛋和凉蛋。目前机器孵化多是自动翻蛋。一般控制在每 2 h 翻蛋 1 次。注意自动翻蛋功能是否正常。若实行人工翻蛋，最好每隔 3 h 翻蛋 1 次。在孵化过程中，如温度较高，胚胎发育较快，到孵化后期可以定时进行凉蛋。

（4）照蛋。照蛋的目的是检验胚胎发育是否正常，以便及时剔除未受精蛋、死胚蛋和破损蛋。孵化过程中，全面照蛋一般进行 2

次，第一次（头照）是第 5~6 天，第二次（二照）是第 19 天；还可在第 10~11 天抽验一次。3 次照蛋情况见表 5-6。

表 5-6　　照蛋情况一览表

照蛋	胚蛋孵化时间（天）	胚胎特征	正常胚蛋	弱胚蛋	无精蛋或死胚蛋
头照	5~6	黑眼	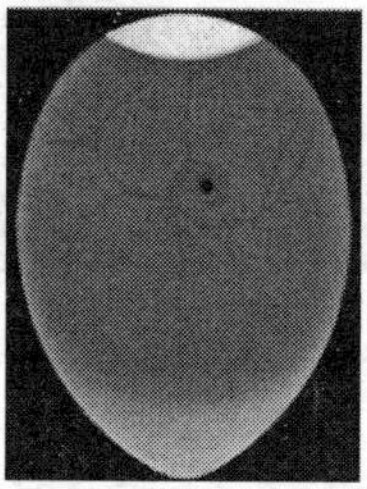	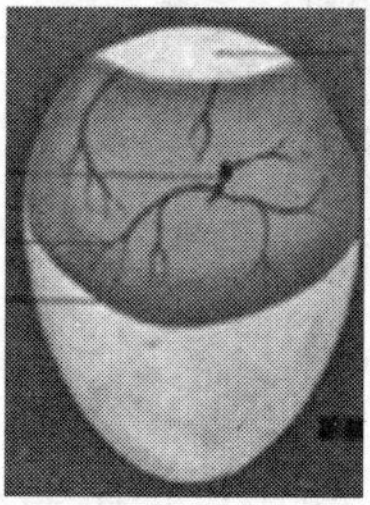	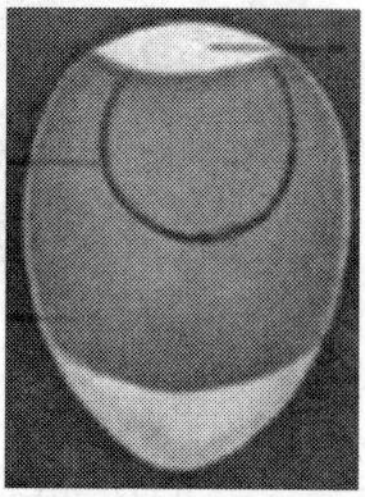
抽验	10~11	合拢	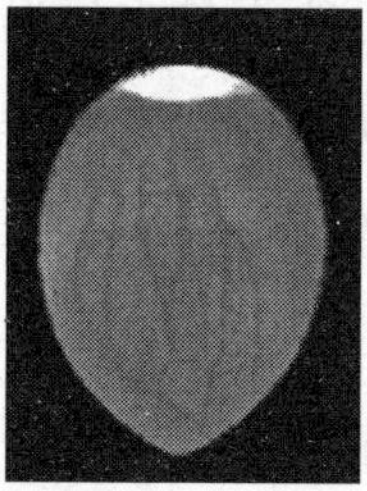	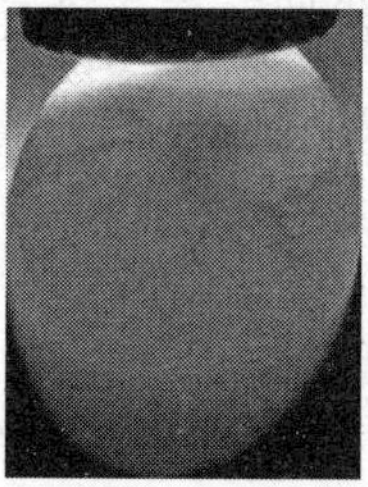	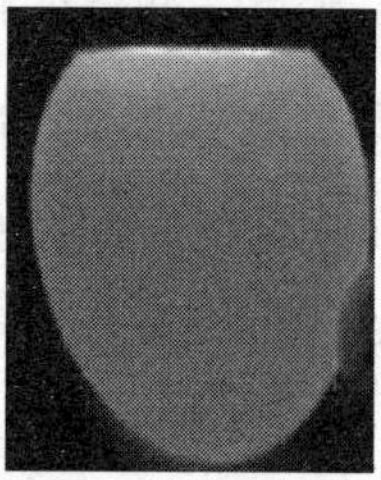
二照	19	闪毛	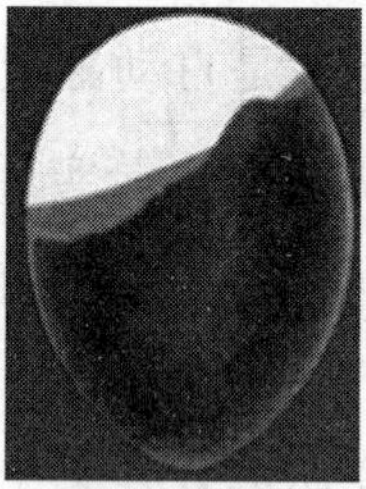	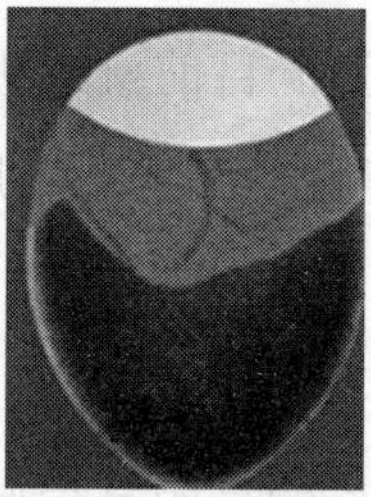	

（5）移盘。孵化到第 18~19 天时，应将胚蛋从孵化器的孵化盘移至出雏器的出雏盘里，这一过程叫移盘，又称落盘。移盘时动作要轻，速度要快，尽量缩短移盘时间，对不同品种或品系的种蛋应做好标记。

（6）拣雏。若鸡胚发育正常，第 19 天时就有破壳的，满 20 天就开始出雏。雏鸡一般都是一次性拣雏。拣雏时应关闭出雏器内的照明灯，以免雏鸡骚动影响出雏。拣雏时动作要轻，速度要快，尽量保持孵化器内温湿度恒定，拣雏的同时要把空壳一并拣出，还要把弱雏、病雏、死雏拣出。

（7）机具清洗消毒。出雏结束以后要彻底清洗蛋盘、出雏盘、孵化器以及孵化室，清洗过后消毒，备用。

4. 影响孵化率的因素

（1）鸡的品种、经济类型、年龄及营养、健康状况。不同品种的鸡，蛋的孵化率有一定差异；同一品种近交时孵化率下降，杂交时孵化率提高。蛋用鸡的孵化率高于肉用鸡。产蛋鸡刚开产的种蛋孵化率低，产蛋高峰期的种蛋孵化率最高，而后随年龄增长孵化率逐渐下降。鸡群产蛋量与孵化率呈正比例，产蛋量高时，孵化率也高。种鸡的营养和健康状况也影响孵化率。

（2）种蛋保存时间和蛋品质。种蛋保存超过 7 天或保存期间环境相对湿度偏低，都会引起残雏增多。种蛋的品质如蛋重、蛋形、蛋壳质量等均与孵化率有关。过大或过小的蛋孵化率均低，污染的蛋孵化率也低。

（3）海拔与气温。海拔越高，气压越低，氧气含量就越低，导致孵化时间延长，孵化率降低。夏季高温或冬季低温时，种鸡的活力低，种蛋保存条件差，孵化率也会降低。故理想的孵化季节是春季和秋季。

（4）孵化管理。孵化温度发生偏差，形成一些热点与凉点，会造成雏鸡畸形，进而影响孵化率；当孵化器内相对湿度过高或过低时都会引起孵化率下降；在孵化的前两周翻蛋次数或角度不够，会形成畸形雏鸡，孵化率会下降。一般来说，整批装蛋的变温孵化比分批装蛋的恒温孵化孵化率要高。

五、初生雏鸡的质量管理

1. 初生雏鸡的性别鉴别

（1）翻肛鉴别法。翻肛鉴别法是在刚出雏 12 h 内，翻开初生雏鸡的肛门，根据有无生殖突起及生殖突起在形态组织学上的细微差异，肉眼分辨雌雄。生殖突起两侧斜向内有八字皱襞。若有生殖突起且比较明显即为雄雏鸡，如图 5-12 所示；若无生殖突起或有但不明显即为雌雏鸡，如图 5-13 所示。鉴别的最佳时间是在雏鸡出壳后 4～12 h。在此时间内，雌雄雏鸡生殖突起的形态差异最显著（见表 5-7）。翻肛鉴别初生雏鸡可分为抓握雏鸡、排粪翻肛、鉴别放雏三个步骤。

1）抓握雏鸡。根据握雏方式分为夹握法和团握法。

夹握法是左手握雏，使雏背贴于掌心，泄殖腔朝上，将雏颈部轻夹于中指与无名指之间，无名指与小指弯曲。

团握法是左手抓雏，使雏背贴于掌心，泄殖腔朝上，将雏团握在手中，雏的颈部和两脚顺其自然。

2）排粪翻肛。在翻肛前须排粪，以左手拇指轻压雏鸡腹部左侧，借助雏的呼吸将粪便挤入排粪缸中。翻肛是左手拇指在泄殖腔左侧，右手食指在泄殖腔右侧，右手拇指在雏鸡脐带处沿直线往上顶推，右手食指往下拉并向泄殖腔靠拢，左手拇指也往里收拢，三指在泄殖腔处形成一个小三角区，泄殖腔即翻开。

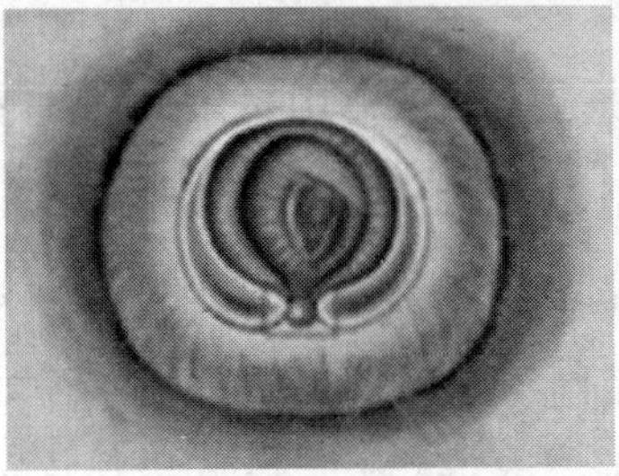

图 5-12　雄雏鸡泄殖腔生殖隆起示意图

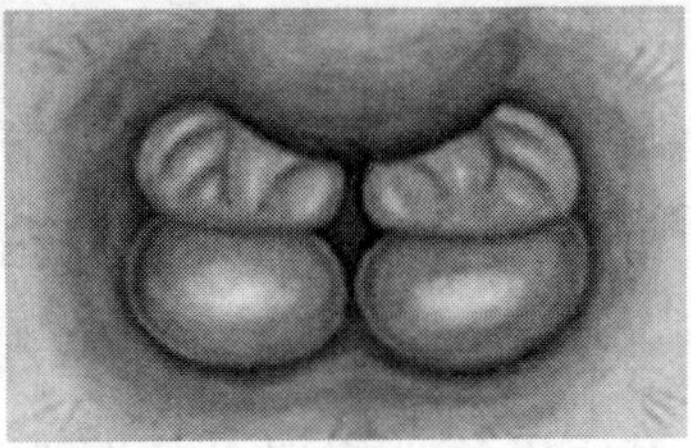

图 5-13　雌雏鸡泄殖腔示意图

表 5-7　　雌雄雏鸡生殖突起的区别

泄殖腔	雄雏鸡	雌雏鸡
生殖突起前端	偏圆	多数无，少量稍尖
轮廓	明显、充实	不明显，萎缩
充血程度	血管发达，易充血	不易充血

3）鉴别放雏。在强灯光下观察，根据生殖突起的有无和形态差别判断雌雄，如图 5-14 所示。

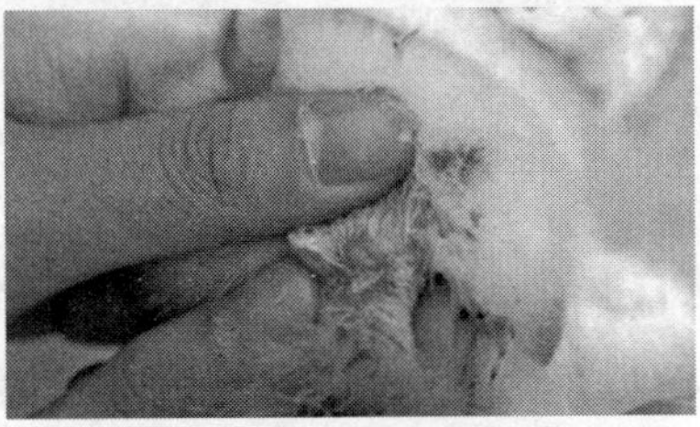

图 5-14　翻肛鉴别雏鸡雌雄

小知识

伴性遗传是指在遗传过程中子代的部分性状由性染色体上的基因控制，这种与性别相关联的遗传方式称为伴性遗传。

（2）伴性遗传鉴别法。利用伴性遗传原理，用特定的品种或品系杂交，根据初生雏鸡羽毛的生长速度或羽毛的颜色鉴别雌雄。

1）羽速鉴别法。决定初生雏鸡翼羽生长快慢的基因位于性染色体上，并且慢羽基因对快羽基因为显性。用慢羽雌鸡与快羽雄鸡杂交，其后代凡是快羽（如图 5－15 所示）的都是雌鸡，凡是慢羽（如图 5-16 所示）的就是雄鸡。区别方法为：初生雏鸡主翼羽长于覆主翼羽为雌雏鸡；主翼羽短于覆主翼羽、主翼羽与覆主翼羽等长或只有覆主翼羽为雄雏鸡，羽速鉴别如图 5-17 所示。羽速鉴别并不适用于所有品种的雏鸡，只能用于部分商品代鸡的鉴别，例如海兰灰、海兰白、罗曼粉等蛋鸡品种，或者罗斯 308 等肉鸡品种。

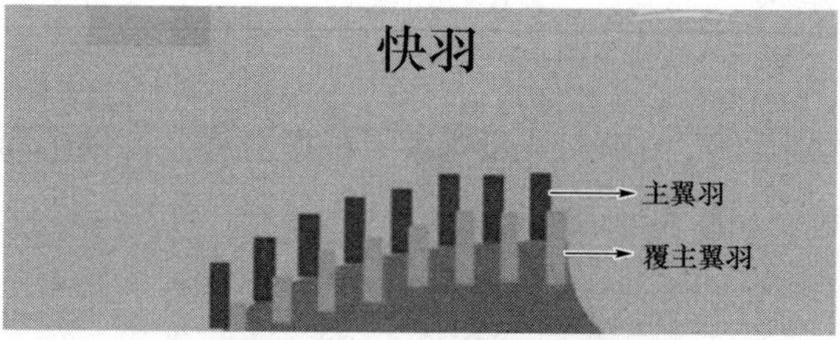

图 5-15　快羽示意图

2）羽色鉴别法。由于培育品系羽色基因位于性染色体上，所以可以根据羽色来鉴别雌雄。如用隐性金黄色绒羽雄鸡与显性银白色绒羽雌鸡杂交，其后代雏鸡中，凡是绒毛金黄色的均为雌雏鸡，凡

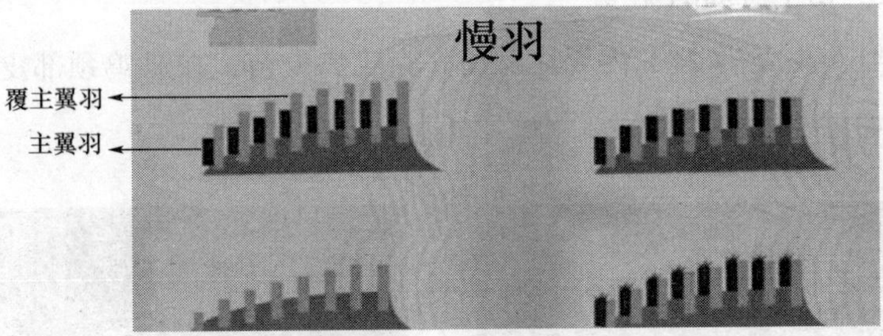

图 5-16　慢羽示意图

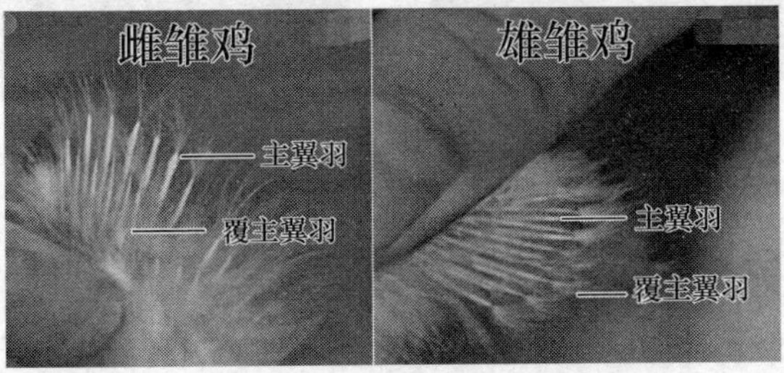

图 5-17　羽速鉴别示意图

是绒毛银白色的均为雄雏鸡。羽色鉴别法只适用于我国引进的部分褐壳蛋鸡，常用的有海兰褐、罗曼褐等蛋鸡品种，伊莎、星杂 579 等商品代肉鸡也可用羽色鉴别。

2. 初生雏鸡的挑选

主要是根据雏鸡的活力、卵黄吸收情况、体重大小、脐带部的闭合程度挑选初生雏鸡，即挑选健康雏鸡销售，淘汰弱雏和残雏。健雏挑出后，要存放在温度 25 ~ 29 ℃、光线暗、空气新鲜的存雏室中，如图 5-18 所示。将雏鸡以每 50 ~ 100 只为一盘分放，雏鸡在存雏室待的时间不可过久，应在 24 h 内运到育雏舍喂水并开食。

3. 初生雏鸡的免疫

雏鸡出壳后 24 h 内要注射马立克氏病疫苗，在雏鸡颈部皮下注射，如图 5-19 所示。

图 5-18　雏鸡在存雏室内放置

图 5-19　给雏鸡注射马立克氏病疫苗

4. 初生雏鸡的运输

应将雏鸡在 24 h 内运到雏鸡场，长途运输不可超过 48 h。运输要考虑季节和气候，冬天以温暖的中午为宜，夏天则宜在早晚进行。运输雏鸡时要通风，装车时要将雏鸡箱错开摆放，箱周围要留有通风空隙，重叠高度不要过高。注意保温，天气寒冷时要加盖棉被。运输途中，车速应适当放慢，平稳行驶。

知识链接

1. 新鲜蛋的选择

一看：新鲜蛋的蛋壳较毛糙，并附有一层霜状的粉末，色泽鲜亮洁净；陈蛋的蛋壳比较光滑，臭蛋的外壳发乌，壳上有油渍。

二听：用手指夹稳鸡蛋在耳边轻轻摇晃，好蛋音实；贴壳蛋和臭蛋有敲瓦碴声；空头蛋有空洞声；裂纹蛋有“啪啪”声。

三照：双手握蛋如筒形，对着日光或灯光透视，好蛋呈微红色、半透明、蛋黄轮廓清晰。

四转：将鸡蛋放置于平面上，用手指轻轻转动，新鲜蛋转动时，转两三周便停下；坏蛋则转得时间长且速度快；如蛋转得不快不慢，则证明已不够新鲜。

五漂：把蛋放在15%左右的食盐水中，沉入水底的是新鲜蛋；大头朝上、小头朝下，半沉半浮的是陈蛋；臭蛋则浮于水面。

2. 常见的几种畸形蛋形成原因（见下表）

常见的几种畸形蛋形成原因

种类	表现	形成原因
双黄蛋	蛋体特别大，每个蛋有两个蛋黄	两个卵子同时成熟排出，或由于母鸡受惊或受到物理压迫，导致卵泡破裂，使未成熟卵子提前与成熟的卵子一同排出
无黄蛋	蛋体特别小，无蛋黄	输卵管的膨大部机能旺盛，分泌蛋白多，出现卵巢的血块被浓蛋白凝块包围形成无黄蛋
软壳蛋	无硬蛋壳，只有壳膜	缺乏钙、磷、维生素 D；子宫机能失常；母鸡受惊；药或疫苗使用不当等
异物蛋	血斑蛋、肉斑蛋	卵巢出血，卵巢脱落组织随卵黄进入输卵管
变形蛋	长形、褶皱及砂皮蛋	输卵管机能失常，子宫反常收缩，蛋壳分泌异常

3. 孵化过程中容易出现的问题及原因（见下表）

孵化过程中容易出现的问题及原因

孵化过程中出现的问题	原因
无精蛋太多	雌雄比例不合适；种公鸡营养不良或年老；种蛋储存不当
出现血管环或胚胎在前期（1~6天）死亡	种蛋营养失调；母源性种蛋污染；种蛋储存不当（如储存太久、储存温湿度不当）；种蛋运输不当；孵化温度不当；种蛋熏蒸消毒过度或程序不当
胚胎在孵化中期（7~12天）死亡	母源性或蛋壳携带的病原感染胚胎；种蛋营养失调，缺乏维生素；种蛋储存温度高；孵化温度不当，孵化器内通风不良，未翻蛋或翻蛋不当，停电时间过长
胚胎在孵化后期（13~18天）死亡	种蛋的营养水平低；种蛋小头朝上；孵化条件不当，如温度过低，一段时间温度过高、湿度过大，通风不良等
幼雏未啄壳，在（18~21天）死亡	孵化器内湿度过低；出雏器内温度过高；孵化后期通风不良；温度偏高；胚胎被感染
出雏早	孵化温度偏高；孵化湿度低
出雏迟	种蛋储存过久；孵化室内温度变化不定；孵化室内温湿度偏低
雏鸡体小	入孵种蛋小；孵化器内温度太低
雏鸡呼吸困难	出雏器内残留大量熏蒸剂；熏蒸时间不当；出雏器内温度太高；胚胎被感染
雏鸡体重不整齐	入孵种蛋大小不一；孵化器内部热度不均匀
雏鸡脐带收缩不良、充血	湿度过高；湿度变化过剧；胚胎被感染
雏鸡腹大	温度偏低；通风不良；湿度太高

第6单元 鸡的营养与饲料配制

模块1 营养需要

一、鸡的消化生理特点

1. 成年鸡的消化道长约 150 cm，采食的饲粮一般经 4 h 左右可排出。

2. 鸡的口腔无牙齿，但喙端有丰富而敏感的感受器，饲粮颗粒的大小、硬度、均匀度等对鸡的采食和消化都有很大的影响。

3. 鸡的嗉囊有膨化、软化饲粮的作用。

4. 鸡的腺胃分泌胃蛋白酶原和盐酸，是对饲粮进行化学消化的主要场所。

5. 鸡的肌胃有发达的肌肉，内面还有一层角质膜，对来自腺胃的食糜进行物理挤压和化学降解。

6. 鸡的肠道分为小肠和大肠，其中大肠又分为盲肠和结直肠。小肠主要吸收食糜中的养分，结直肠主要吸收水分，而盲肠对于鸡来说几乎没有用。

二、营养物质需求

鸡对营养物质的需求较其他家禽高，要求营养全面，容易消化吸收，因为鸡的新陈代谢旺盛，生长发育速度快，生产性能高。鸡的饲粮中营养物质包括40多种，其中有能量、蛋白质、维生素、矿物质和水等。

1. 能量

能量可以供鸡体正常生长发育、代谢、运动以及繁殖等，鸡的日粮维持一定的能量水平是保证鸡健康与高产的重要条件。能量来源于饲粮中的碳水化合物、脂肪、蛋白质，主要来源于碳水化合物。鸡的能量用代谢能表示，单位是兆焦/千克（MJ/kg）。蛋鸡对代谢能的需要量受品种、产蛋量、环境气温等因素影响。鸡的能量摄入量应保证既满足鸡在不同生长阶段和生产时期的最佳需要量，又要防止能量的浪费或饲喂过量造成的过肥现象。

2. 蛋白质

蛋白质是合成鸡体肌肉、皮肤、羽毛、内脏器官，体内各种酶、激素，以及鸡蛋等的主要成分。在饲粮碳水化合物和脂肪含量不足的情况下，也可为鸡体提供能量。但饲粮中的其他营养物质不能转化为蛋白质，也就是蛋白质在饲粮中是不可替代的营养物质，因此蛋白质不足会引起鸡生长缓慢、体重减轻、羽毛凌乱、抵抗力下降等。如果饲粮中蛋白质含量过高，又会增加鸡的代谢负担，引起痛风等疾病，还会造成蛋白质资源的浪费。

保证蛋白质的供应，可以向日粮中加入饼粕类和动物性饲料，也可添加适量的氨基酸、酵母、酶制剂等原料。蛋白质的需要量取决于体重、产蛋量、环境气温以及利用率等因素（见表6-1）。

表6-1　鸡蛋白质需要量的影响因素及调整要点

影响因素	调整要点
蛋白质的品质	当饲粮中使用较多的动物性蛋白质时，饲粮的各种氨基酸容易达到平衡，蛋白质利用率高，饲粮的蛋白质含量可以适当降低
能量蛋白比	鸡的采食量依饲粮能量水平的变化而变化，饲粮能量水平高，鸡的采食量相对减少，反之则相对增加。所以饲粮中能量和蛋白质的比例一定要适当，饲粮高能量时必须提高蛋白质含量
鸡的品种	鸡的品种不同对蛋白质的需要也不相同，如快大型肉用仔鸡的蛋白质需要量高于优质肉鸡
生长的不同阶段	雏鸡饲养前期需要的蛋白质较多，随着日龄的增长，沉积脂肪能力增强，应适当降低蛋白质含量而提高能量水平，以利于肥育
环境因素	夏季气温高，鸡的采食量会下降，因此应适当提高饲粮中的蛋白质含量

3. 维生素

维生素是维持鸡体生命活动和健康的营养物质。它虽然不是构成鸡体组织器官的主要物质，且用量微小，但却起到非常重要的作用。当日粮中维生素含量不足时，就会表现维生素缺乏症，严重时造成死亡。维生素的来源包括动植物饲料和人工合成的维生素类制剂。鸡体内最易缺乏的是维生素 A、维生素 B_2、维生素 B_3、维生素 K、维生素 D_3，因此日粮中需要添加这类维生素。其他维生素在日粮中含量丰富，并在鸡体内可以合成，适当补充即可满足需要。

（1）脂溶性维生素（见表 6-2）

表 6-2　　饲粮中的脂溶性维生素

名称	营养作用	缺乏症	备注
维生素 A	促进机体的生长发育，增强机体对疾病的抵抗力	生长发育受阻，抗病力下降，受精率和孵化率降低	鸡饲粮中添加不少于 1 600 IU/kg，全价配合饲料中的添加量是 9 000~12 000 IU/kg
维生素 D	促进饲粮中钙、磷的吸收和利用，调节血液钙、磷水平	羽毛蓬乱、骨化不良，重者患佝偻病，瘫痪	鸡饲粮中添加不少于 1 000 IU/kg，全价配合饲料中维生素 D 添加量是 2 000~4 000 IU/kg
维生素 E	维生素 E 对鸡的生殖机能、免疫机能有重要的作用，也能提高鸡的抗应激能力	生长受阻，易患渗出性素质病，肌肉营养不良	全价配合饲料中维生素 E 的添加量是 15~30 IU/kg
维生素 K	维持正常的凝血机能	雏鸡皮下出血，出现紫斑	鸡在患球虫病或服用抗生素时，对维生素 K 的吸收率下降，进而缺乏维生素 K，一般每千克饲粮添加 0.5 mg 的维生素 K

（2）水溶性维生素（见表 6-3）

表 6-3　　饲粮中的水溶性维生素

名称	营养作用	缺乏症	备注
维生素 B_1（硫胺素）	参与机体脂肪酸、胆固醇和乙酰胆碱的合成	患多发性神经炎，出现贫血、下痢、痉挛症状或“观星”姿势	大多数饲料中维生素 B_1 的含量都很高，尤其是禾谷类籽实加工副产品和酵母中更为丰富
维生素 B_2（核黄素）	参与能量代谢、蛋白质代谢及脂肪酸的合成与分解	雏鸡趾爪向内卷缩，两肢瘫痪	维生素 B_2 在鸡体内不能合成，一般青绿饲料、动物肝及酵母中含量较多

续表

名称	营养作用	缺乏症	备注
维生素 B_3（泛酸）	参与碳水化合物、脂肪和蛋白质的代谢	生长受阻，出现皮炎	玉米中泛酸含量极少，所以以玉米为主要成分的饲粮，泛酸很难达到需要量，应予以补充
维生素 B_4（胆碱）	在保证体细胞的正常生命活动、促进软骨正常发育以及神经系统的正常运行等方面起重要作用	骨粗短和脂肪肝	饲料添加剂所用胆碱通常为氯化胆碱，通常雏鸡和产蛋鸡饲料需补充胆碱，添加量为 300～600 mg/kg
维生素 B_5（烟酸）	维持正常的凝血机能	易患口腔炎、皮炎、“黑舌病”	烟酸广泛存在于糠麸、酵母及青绿饲料中
维生素 B_6（吡哆醇）	参与氨基酸、碳水化合物、脂肪和蛋白质代谢	眼睑水肿、羽毛粗糙脱落、异常兴奋和奔跑	广泛存在于谷物、豆类、种子外皮中
维生素 B_7（生物素）	参与糖类、脂肪和蛋白质代谢	鸡喙及眼周围发生皮炎，羽毛脱落等	广泛存在于动植物界，常温下较稳定，一般情况下动物不会缺乏
维生素 B_{11}（叶酸）	促进红细胞和白细胞的形成和成熟，抗贫血	出现营养性贫血、慢性下痢、羽毛粗乱、繁殖机能和免疫机能下降	广泛存在于植物界，绿叶多的植物含量高。一般情况下动物不会缺乏
维生素 B_{12}（钴胺素）	参与氨基酸合成、碳水化合物和脂肪代谢，促进红细胞的发育成熟	可出现“滑腱症”	动物性饲料中含量高，而植物性饲料中几乎没有，建议添加量为 3～20 μg/kg

续表

名称	营养作用	缺乏症	备注
维生素C（抗坏血酸）	促进肠道内铁的吸收，增强机体免疫力，也可缓解应激反应	雏鸡生长停滞，体重减轻，关节变软，重者出现贫血	鸡体内一般不会缺乏维生素C，但在高温应激时，鸡体内合成维生素C的能力降低，需要及时补充，添加量为100～300 mg/kg

注：国内外已经作为商品生产的维生素添加剂有维生素A、维生素D、维生素E、维生素K、硫胺素、核黄素、吡哆醇、泛酸、叶酸、钴胺素、烟酸、胆碱和生物素等单一维生素。也有将各种单一维生素按一定比例配合，用玉米、次粉作为扩散剂充分混匀而制成的复合维生素添加剂。在鸡饲粮中补充所缺乏的某种维生素，一般是通过以上单一或复合维生素添加剂来实现的。

4. 矿物质

矿物质是骨骼、蛋壳、肌肉、血液、羽毛等的组织成分，机体的新陈代谢、酸碱平衡、繁殖、生产过程都离不开矿物质。日粮中的矿物质来源于植物性和动物性饲料本身含有的矿物质元素，包括常量元素钙、钠、氯、磷、镁等，微量元素（含量在0.01%以下）锰、锌、铁、铜、钴、硒、碘、氟等。

（1）钙和磷。钙和磷是鸡生长发育需要最多的两种矿物质元素。钙、磷主要参与骨骼的形成，其次是参与维持肌肉和神经的正常生理功能。饲粮中缺乏钙、磷会引起鸡食欲减退、生长减慢，严重时会导致骨质疏松、关节硬化，容易患佝偻病和软骨病。在鸡饲粮中，不仅要求钙、磷含量充足，而且还必须有适宜的比例，一般要求二者的比例为1.5∶1～2.0∶1。另外应注意的是，鸡不能有效地利用植酸磷，配鸡饲粮时应满足有效磷的需要。

小知识

鸡常用的钙磷饲料有石粉、贝壳粉、磷酸氢钙、骨粉等。

（2）钠和氯。钠和氯在鸡体内主要分布于体液和血液中，其作用是参与体内酸碱平衡和维持消化功能。鸡饲养中一般以添加食盐来满足钠和氯的需要量，同时，食盐还有改善饲料适口性的作用。如果配制的鸡饲粮中含有鱼粉，应考虑鱼粉中可能含有食盐，添加时应注意量的问题，如果添加量过大，容易引起中毒。鸡饲粮中食盐的添加量一般占饲粮的 0.3%~0.4%。

（3）微量元素（见表 6-4）。

表 6-4　　饲粮中微量元素对鸡的影响

微量元素	营养作用	缺乏症	备注
铁	鸡体内血红蛋白和某些酶类的组成成分，是造血和形成羽毛色素所必需的物质	贫血	一般情况下，鸡对铁的需要量为 35~45 mg/kg 饲粮，种鸡维持最大受精率和孵化率时对铁的需要量为 55 mg/kg 饲粮，4 周龄内的雏鸡对铁的需要量为 80 mg/kg 饲粮，同时应保证充足的维生素 B_6 和铜，因为这两者的缺乏会影响铁的吸收
铜	缺铜会影响铁的吸收，影响钙磷的沉积，影响骨骼的正常发育	贫血、佝偻病、骨质疏松症	鸡对铜的需要量一般为 8 mg/kg 饲粮左右，在正常情况下，一般不会出现缺铜现象
锰	锰是某些酶和辅酶的组成部分，是参与三大营养物质的代谢和骨骼正常生长所必需的元素	骨短粗症（滑腱症）	常规饲料的锰含量一般不能满足鸡的需要，应给予补充，鸡对锰的需要量为 40~60 mg/kg 饲粮

续表

微量元素	营养作用	缺乏症	备注
锌	锌是鸡体内多种酶、激素的组成部分，对鸡羽毛的生长和皮肤的健康都有影响	食欲减退，生长受阻，体质虚弱	鸡对锌的需要量为 50 mg/kg 饲粮。如果饲粮含钙过高，会影响锌的吸收，容易造成锌缺乏症
碘	碘是甲状腺的构成成分，参与体内各种物质的代谢过程	甲状腺肿大，生长缓慢，骨骼发育不良	沿海地区很少患缺碘症，但在内陆地区需适量补充碘。一般使用碘添加剂或含碘食盐来补充，鸡对碘的需要量为 0.5~1 mg/kg 饲粮
硒	硒是谷胱甘肽过氧化物酶的组成成分，与维生素 E 及一切抗氧化剂密切相关，可防止细胞的氧化，保护细胞膜不受损伤	发生渗出性素质炎、心脏损伤、心包积水等	一般情况下，含硒 0.1~0.2 mg/kg 的饲粮即可满足鸡的需要。但我国大部分地区的土壤中缺硒，饲粮原料中含硒较少，所以还需要使用含硒添加剂来补充

5. 水

水是鸡体的主要组成成分，是营养物质代谢、吸收和运输所必需的溶剂，也是鸡体生化反应的介质，并具有调节体温和润滑作用。缺水或长期供水不足，会引起鸡生长发育受阻，生产和健康受到严重危害。雏鸡体内含水为 70%，成鸡为 55.8%，鲜蛋为 73.7%。水作为一种溶剂参与养分的消化吸收、代谢产物的排泄、血液循环、体温调节等生理生化过程。断水 1~2 天就会出现代谢紊乱、体温上升，产蛋率下降 30%~50%，严重时造成死亡。

鸡对水的需要量与环境温度、相对湿度、日粮成分和生产状况等都密切相关，一般鸡饮水量是采食量的 2 倍，而实际饮水量的变化则很大。

三、蛋鸡不同阶段营养需要

蛋鸡按生长阶段可分为育雏期、育成期、产蛋期。不同阶段的营养需求有较大区别。

1. 育雏期营养需要

0~6 周龄为育雏期。该阶段为组织快速生长时期，采食的营养主要用于肌肉和骨骼的快速生长。此阶段采食量较小，肌胃研磨饲料能力差，消化道酶系统发育不全，消化能力差。因此，育雏期对营养的要求比较高，需要高能量、高蛋白以及低纤维的优质饲料，还需要补充较高水平的矿物质和维生素。设计配方时可使用玉米、鱼粉、豆粕等优质原料。

2. 育成期营养需要

7~20 周龄为育成期。该阶段的鸡生长发育旺盛，体重增长速度比较稳定，消化器官逐渐发育成熟，骨骼生长速度超过肌肉生长速度，因此对能量、蛋白质等营养成分的需求相对较低，对纤维素摄入的限制可以适当放宽，可以使用一些粗纤维较高的原料如糠麸、麦麸等，以降低饲料成本。

3. 产蛋期营养需要

自 20 周龄至被淘汰为产蛋期。整个产蛋期均应加强营养，全面满足鸡的营养需要，使鸡群能够充分发挥产蛋潜力。产蛋前期（开产至 40 周龄），对粗蛋白的需要量随产蛋率的提高而增加，因此对钙的需要量增加。产蛋中期（41~60 周龄），产蛋率开始下降，营养需要较高峰期略有降低。但饲粮中的粗蛋白质水平不可降得太快。

产蛋后期（61 周龄至淘汰），对饲料中营养物质的消化和吸收能力下降，饲粮中应适当增加矿物质饲料的用量，以提高钙的水平，对能量的需要量相应减少，在降低粗蛋白质水平的同时不可提高能量水平。

提示

调整日粮的蛋白质含量可改变蛋的大小。

（1）能量需要。产蛋鸡的能量需要随体重、环境温度、产蛋率的变化而变化。产蛋水平越高，需要的能量也越多。环境温度对能量需要量和进食量的影响较大，气候寒冷日粮能量水平应提高。

小知识

美国国家科学研究委员会（NCR）根据大量的实验科学确定了各种鸡类的营养成分需要量。

（2）蛋白质需要。鸡对粗蛋白的需要量随产蛋率的提高而增加。当产蛋达到高峰时，蛋白质需要量可能高达 17%～19%；产蛋后期可以逐渐降到 14%。

（3）矿物质需要。产蛋鸡最易缺乏的是钙和磷，产蛋鸡对钙的需要量比育成鸡高 3～4 倍，产蛋鸡饲料中含钙量一般为 3.25%～3.5%。摄入过多的钙会抑制食欲，而缺钙则易出现软骨症、软壳蛋、砂皮蛋。产蛋鸡饲粮中总磷量为 0.6%，有效磷推荐为 0.3%～0.33%。日粮总磷过多会影响钙的吸收，导致蛋壳质量差，但总磷偏低又会增加入舍母鸡的死亡率。

提示

营养成分需要量可以参考美国NRC、我国国家标准或其他标准，也可以根据品种、年龄、性别、经济用途进行调整，所以数据会略有差异。

表6-5说明了蛋鸡各阶段的营养需要量，与美国NRC建议的未成年来航鸡蛋用鸡日粮中营养需要量（见表6-6），从数据上看略有差异。

表6-5　蛋鸡各阶段营养需要量

项目	育雏期	育成期		产蛋期		
周龄	0~6周龄	7~14周龄	15~20周龄	20~40周龄	41~60周龄	61周龄至淘汰
代谢能（MJ/kg）	11.97	11.76	11.34	11.55	11.55	11.55
粗蛋白质（%）	18.0	16.0	12.0	17	16.5	15.5
钙（%）	0.80	0.70	0.60	3.50	3.40	3.20
总磷（%）	0.70	0.60	0.50	0.60	0.60	0.60
有效磷（%）	0.40	0.35	0.30	0.33	0.32	0.30
食盐（%）	0.37	0.37	0.37	0.37	0.37	0.37
蛋氨酸（%）	0.30	0.27	0.20	0.36	0.33	0.31
赖氨酸（%）	0.85	0.64	0.45	0.73	0.66	0.62

注：此表中蛋鸡各阶段营养需要量只是推荐数据，实际生产中依据鸡的品种、饲养条件会有一定的差异。

表 6-6　美国 NRC（1994）建议的未成年来航鸡蛋用鸡日粮中营养成分需要量

营养成分	白蛋壳品系				棕壳蛋品系			
	0~6 周	6~12 周	12~18 周	18 周至产蛋	0~6 周	6~12 周	12~18 周	18 周至产蛋
代谢能（MJ/kg）	11.92	11.92	12.13	12.13	11.72	11.72	11.92	11.92
粗蛋白质（%）	18.00	16.00	15.00	17.00	17.00	15.00	14.00	16.00
组氨酸（%）	0.26	0.22	0.17	0.20	0.25	0.21	0.16	0.18
异亮氨酸（%）	0.60	0.50	0.40	0.45	0.57	0.47	0.37	0.42
亮氨酸（%）	1.10	0.85	0.70	0.80	1.00	0.80	0.65	0.75
赖氨酸（%）	0.85	0.60	0.45	0.52	0.80	0.56	0.42	0.49
蛋氨酸（%）	0.30	0.25	0.20	0.22	0.28	0.23	0.19	0.21
蛋氨酸+胱氨酸（%）	0.62	0.52	0.42	0.47	0.59	0.49	0.39	0.44
色氨酸（%）	0.17	0.14	0.11	0.12	0.16	0.13	0.10	0.11
亚油酸（%）	1.00	1.00	1.00	1.00	1.00	1.00	1.00	1.00
钙（%）	0.90	0.80	0.80	2.00	0.90	0.80	0.80	1.80
非植酸磷（%）	0.40	0.35	0.30	0.32	0.40	0.35	0.30	0.35
钾（%）	0.25	0.25	0.25	0.25	0.25	0.25	0.25	0.25

四、肉鸡不同阶段营养需要

肉鸡按生长阶段可分为育雏期（0~3 周龄）、生长期（3~6 周龄）和育肥期（6~8 周龄）。总体上看，肉鸡在生长前期骨骼、肌肉生长迅速，对蛋白质、钙、磷需求较高，在饲养过程中一般以自由采食的饲喂方式投料，以满足肉鸡的最佳生长。但该阶段肉鸡的肺、心脏等器官生长发育相对较慢，故能量水平不能过大，否则会导致器官功能等因无法适应骨骼肌肉生长发育而导致肉鸡发生腹水病等问题。后期要求肉鸡在短期内快速增重，并适当积累脂肪以改善肉质。因此，对后期饲粮的能量要求较高，否则会导致蛋白质摄入过量，不仅造成蛋白质资源的浪费，而且还会出现代谢障碍等不良后果。

肉用仔鸡在育雏期（0~3 周龄）、生长期（3~6 周龄）和育肥期（6~8 周龄）三个阶段，能量的需要分别约为 12.54 MJ/kg、12.96 MJ/kg 和 13.39 MJ/kg，蛋白质的需要分别约为 23%、20%和 18%，钙的需要分别约为 1%、0.9%和 0.8%，有效磷的需要分别约为 0.45%、0.4%和 0.35%。美国 NRC（1994）建议的肉用仔鸡日粮中营养需要量，见表 6-7。

表 6-7　　美国 NRC（1994）建议的肉用仔鸡日粮中营养需要量（DM=90%）

营养成分	0~3 周	3~6 周	6~8 周
代谢能（MJ/kg）	13.39	13.39	13.39
粗蛋白质（%）	23.00	20.00	18.00
组氨酸（%）	0.35	0.32	0.27

续表

营养成分	0~3 周	3~6 周	6~8 周
异亮氨酸（%）	0.80	0.73	0.62
亮氨酸（%）	1.20	1.09	0.93
赖氨酸（%）	1.10	1.00	0.85
蛋氨酸（%）	0.50	0.38	0.32
蛋氨酸+胱氨酸（%）	0.90	0.72	0.60
色氨酸（%）	0.20	0.18	0.16
亚油酸（%）	1.00	1.00	1.00
钙（%）	1.00	0.90	0.80
非植酸磷（%）	0.45	0.35	0.30
钾（%）	0.30	0.30	0.30

模块2 饲料配制

一、饲料原料

饲料是指能提供饲养动物所需养分、保证健康、促进生长和生产且在合理使用情况下不发生有害作用的可食物质。常见的饲料原料包括玉米、麦麸、米糠、小麦、油脂、豆粕、菜籽粕、大豆、鱼粉、肉骨粉、石粉、乳清粉、氨基酸、维生素或微量元素添加剂等（见表6-8）。

表 6-8　　鸡常用饲料原料特性及用量

分类	饲料原料	特性	缺点或注意事项	在日粮中适宜的比例
能量饲料	玉米	能量高，适口性好，来源广泛	蛋白质品质欠佳，赖氨酸（0.21%）和色氨酸（0.08%）含量偏低	40%~70%
	麦麸	适口性好，易消化，可利用能值高，蛋白质含量高	因麸皮热能较低，在鸡饲料中用量不大	幼鸡：5%~10% 成鸡：10%~20%
	米糠	可以补充所需的 B 族维生素、锰及必需脂肪酸	添加量不宜大	添加 5%以下为宜，颗粒料可酌量增加到 10%~20%
	高粱	高粱因含有单宁，适口性较玉米差。高粱种类多，蛋白质含量差异大	高粱蛋白质的赖氨酸含量偏低，酪氨酸和苯丙氨酸含量也不足	幼鸡：10%~40% 成鸡：20%~50% 肉鸡：小于 10%
	小麦	小麦的营养价值高，适口性好	小麦不要粉碎得太细，否则适口性下降，最好制成粒状	肉鸡：10%~30%
	大麦	粗纤维含量高，约为玉米的 3 倍，无法提供足够的能量	适口性稍差	幼鸡：5%~20% 成鸡：10%~30%
	次粉	次粉热能较高，纤维和灰分含量较高	多用于粒状料	10%~12%
	油脂	油脂除可供给能量外，还可以提供必需的脂肪酸	饲料中添加油脂可提高适口性，改善饲料品质，有利于颗粒饲料成型	幼鸡、中鸡：2%~5% 肉鸡：5%~10% 产蛋鸡：2%~5%

续表

分类	饲料原料	特性	缺点或注意事项	在日粮中适宜的比例
蛋白质饲料	豆粕	氨基酸组成平衡，消化率高	豆粕能代替鱼粉使用于鸡饲料中	10%~40%
	菜籽粕	氨基酸组成较平衡，但含有毒成分较多	使用时一般采取限制饲喂或脱毒后饲喂	幼鸡：2%~5% 成鸡：5%~10%
	棉籽粕	可部分取代豆粕用于鸡饲料中，但用量高低取决于所含棉酚量	棉籽中含有对动物有害的棉酚	5%以下为宜
	花生粕	营养价值较高，其代谢能是粕类饲料中最高的，粗蛋白质含量接近豆粕	花生粕很容易感染黄曲霉菌而产生黄曲霉毒素	用于成鸡为宜，育成期可使用至6%，产蛋鸡可使用至9%
	玉米酒糟（DDGS）	蛋白质、B族维生素及氨基酸含量均比玉米高，并含有发酵中生成的未知促生长因子	玉米酒糟缺乏赖氨酸，含必需脂肪酸、亚油酸	肉用仔鸡2.5%，育肥肉鸡5%，蛋鸡15%，种鸡20%，青年母鸡5%
	鱼粉	为优良的蛋白质饲料来源，营养价值高，且必需氨基酸所含种类全面	选用鱼粉要注意质量，以免引起鸡的食盐中毒。鱼粉应储存在通风和干燥的地方，否则容易生虫或腐败而引起中毒	幼鸡：3%~10% 成鸡：2%~5%
	肉骨粉	鸡饲料中蛋白质、钙、磷、维生素B_{12}的良好来源	肉骨粉的原料很易感染沙门氏菌	6%以下为宜

续表

分类	饲料原料	特性	缺点或注意事项	在日粮中适宜的比例
矿物质饲料	磷酸氢钙	补充饲料中的磷、钙元素	能促使饲料消化	1.2%~2.0%
	石粉	是饲料中补充钙的最常见矿物质原料	添加太多会影响饲料的适口性	一般在 1%~2%，而产蛋鸡在 6%~10%
	食盐	主要成分是氯化钠	食盐添加过多会引起鸡中毒	0.2%~0.4%

鸡的饲料原料按照营养成分分为：能量饲料、蛋白质饲料、维生素饲料、矿物质饲料和饲料添加剂五大类。

1. 能量饲料是指饲料干物质中粗纤维含量小于 18%，同时粗蛋白质含量小于 20% 的饲料，如谷实类、麸皮、淀粉质的根茎、瓜果类。

小知识

能量饲料主要是谷实类饲料及植物根茎，主要包括淀粉、纤维素、半纤维素、木质素及一些可溶性糖类。

2. 蛋白质饲料是指饲料干物质中粗纤维含量小于 18%，而粗蛋白质含量大于或等于 20% 的饲料，如鱼粉、豆饼（粕）等。

3. 维生素饲料是指由工业合成或提取的单一或复合维生素，如维生素 A、维生素 B_2、泛酸、维生素 K、维生素 D_3 等。

4. 矿物质饲料是指可供饲用的天然矿物质、化工合成的无机盐类及有机配位体与金属离子的螯合物，如食盐、石粉和磷酸氢钙等。

5. 饲料添加剂是指为了利于营养物质的消化吸收，改善饲料品质，促进动物生长和繁殖，保障动物健康而掺入饲料中的少量或微量物质，但不包括矿物质元素、维生素、氨基酸等营养物质添加剂。

二、配合饲料分类

1. 按营养成分分类

配合饲料可按营养成分分为三大类，分别是：全价配合饲料、浓缩饲料以及添加剂预混合饲料。

（1）全价配合饲料。根据鸡营养需要和原料营养成分含量，将多种饲料原料和添加剂预混合饲料按科学的饲料配方经过合理加工而成的营养全面的混合饲料。

（2）浓缩饲料。浓缩饲料是主要由蛋白质饲料、矿物质饲料和添加剂预混合饲料按一定比例配制的均匀混合物。浓缩饲料不能直接饲喂鸡，应按一定比例与能量原料如糠麸类饲料混合均匀后再饲喂。一般情况下浓缩饲料占全价配合饲料的20%~30%。

（3）添加剂预混合饲料。添加剂预混合饲料是指用一种或多种营养性饲料添加剂，与载体或稀释剂配制的均匀的混合物，又称预混料，包括复合预混合饲料、微量元素预混合饲料、维生素预混合饲料。预混料中如果只有维生素、微量元素或药物，在饲料中的使用量通常为1%或低于1%；如果加上常量钙、磷以及氨基酸，其用量一般高于1%，用量范围为1%~12%。

2. 按饲料形状分类

鸡饲料按形状可分为粒料、粉料、颗粒饲料和破碎料四种。

（1）粒料。粒料主要是指未经加工磨碎的整粒谷物饲料，还包括不完全打碎的谷物饲料。粒料容易饲喂，鸡喜欢吃，且消化慢，耐饥饿。但是营养不完善，所以一般与其他饲料一起使用。

（2）粉料。粉料是指将谷物磨粉后加上糠麸、鱼粉、矿物质粉末及各种添加剂等混合而成的粉状饲料。粉料的营养均衡，但适口性差一些，而且容易飞散，造成浪费。

（3）颗粒饲料。将已配制好的粉料用颗粒机制成直径为 2.5～5.0 mm 的颗粒。颗粒饲料的优点有营养完善，适口性强，鸡不会挑食，便于机械化喂料，节省劳力。但需加工制造颗粒，成本稍高。适于肉用仔鸡的饲喂。

（4）破碎料。破碎料是将制成的颗粒再经加工破碎的饲料。它具有颗粒料的优点，另外由于鸡采食速度稍慢，不致过食过肥，只是加工成本较高，适于产蛋鸡和各种周龄的雏鸡饲喂。

三、饲料配方设计

1. 饲料配方设计的原则

（1）科学选用适宜的饲养标准。饲养标准是对动物实行科学饲养的依据，饲料配方必须根据饲养标准所规定的营养物质需要量指标进行设计。在此基础上，可根据当地饲养鸡的生长或生产性能等情况做适当的调整。

（2）因地制宜选定原料品种。设计饲料配方应熟悉所在地区的饲料原料，根据当地饲料原料的种类、数量、价格以及各种原料的理化特性和饲用价值选择原料，尽量做到比较均衡地使用各种饲料原料。

（3）注意饲料品质、适口性和有毒物质含量。应选用新鲜无毒、无霉变、质地良好的饲料，如果必须用含毒素的饲料，应在脱毒后使用，或严格控制一定的喂量。还应选择适口性好、无异味、粗纤维含量低的饲料。要做到多种饲料原料合理搭配，以发挥各种营养物质的互补作用，最终提高饲粮的利用率和营养价值。

（4）注重经济效益，提高市场竞争力。应注意因地制宜和因时制宜，要合理安排饲料工艺流程，不断提高饲料产品设计质量，做到物美价廉，提高市场上的竞争力。

（5）生产上的可行性。原料和产品的种类与生产阶段划分应符合养鸡业的生产要求，还应考虑加工工艺的可行性。

（6）安全性与合法性。按饲料配方设计出的产品应符合国家相关法律法规及条例，如营养指标、感观指标、卫生指标以及包装材料等。配方设计要综合考虑产品对生态环境和其他生物的影响，尽量减少废弃物中氮、磷、药物及其他物质对人类与生态系统的不良影响。

2. 配方设计步骤

为了配制出优质、价廉、效益高的饲粮，应遵循下列步骤。

> **提示**
>
> 尽量选用当地容易购买，且价格适宜的饲料，对一些当地没有又必须饲喂的饲料，要严格挑选，向低价、无掺假的销售方购买，以降低饲粮配制成本。

（1）选取饲养标准。根据所饲养鸡的品种、日龄、生长发育阶段、生长目的和生产水平，选择合适的饲养标准，确定其营养需要量。

（2）选择原料。选择当地常用的优质、价格适宜的原料。测定出原料的各种营养物质含量，或者在饲料成分表中查出各原料营养成分和营养物质含量。要选用新鲜、无霉变、清洁、适口性好的原料。配制饲粮要考虑原料多样化，使营养成分发挥互补作用，减少高价添加剂的用量。

设计饲料配方时，应先把饲料分为三大类，即能量饲料（如玉米、小麦、麸皮、米糠等）、蛋白质饲料（如豆粕、棉籽粕、菜籽粕、鱼粉等）、矿维补充料（如钙、磷、氨基酸和预混料等）。能量饲料在鸡饲料配方中一般占 50%～70%，蛋白质饲料一般占 20%～35%，矿维补充料一般占 3%～12%。三类饲料的比例应随品种和生长阶段进行调整。

（3）考虑所用饲料的局限性和限量。根据表 6-8 中描述的饲料原料的限制用量设置原料的最大用量和最小用量，如果没有限量要求，在饲料配方设计时可以不考虑限量。

（4）制定饲料配方。依据饲养标准和所选原料的各种营养物质含量，初步确定各原料在饲料配方中的比例，并计算各营养物质含量，再与饲养标准进行对照，如不吻合则需不断调整直到其与饲养标准接近为止。同时还要根据原料价格的变动调整饲料配方，最后计算出最经济的饲料配方。饲料配方设计方法有很多，如十字交叉法、联立方程式法、矩阵法、试差法、电子计算机法（程序法）、Excel 规划求解法等。现在使用较多的是用 Excel 规划求解法和饲料配方软件进行配方设计。

> **小知识**
>
> 饲养标准是根据动物的种类、性别、年龄、体重、生产用途及生产水平的不同，通过大量饲养试验和动物实际生产的总结，科学地规定每日每头（只）动物应获取的各种营养物质的量，或每千克饲粮中各种营养物质的含量。
>
> 一个完善的鸡饲养标准应包括鸡不同生理状态和生产水平下的营养需要量和供给量，也应包括常用饲料营养价值表，以便应用于实际生产中。

（5）饲料加工。只有注重加工技术才能保障饲料配方的正确执行，若加工过程中各种原料配比发生变化，则最终产品的营养含量也要发生变化。如颗粒料在生产过程中，制粒温度、压力以及蒸汽量都会对饲料产品质量产生一定的影响。

四、典型配方举例

1. 蛋鸡饲料配方

根据蛋鸡营养需要和当地饲料资源情况，制定最佳的饲料配方，参考配方（见表 6-9 和表 6-10）。

表 6-9　蛋鸡饲料参考配方举例一　%

0~8 周龄	9~13 周龄	14~17 周龄	产蛋期
玉米 64.17	玉米 52	玉米 46	玉米 51
麸皮 2.18	小麦粉 6	小麦粉 6	小麦粉 6
豆粕 19.22	谷粉 6	谷粉 13	谷粉 14

续表

0~8 周龄	9~13 周龄	14~17 周龄	产蛋期
棉籽粕 5.00	麸皮 9	麸皮 10	麸皮 7
菜籽粕 4.00	豆粕 18	豆粕 12	豆粕 9
肉骨粉 3.15	鱼粉 5	鱼粉 5	鱼粉 4
食盐 0.28	骨粉 1.2	骨粉 1.7	骨粉 2
石粉 1.50	贝壳粉 2	贝壳粉 1.5	贝壳粉 1.2
预混料 0.5	食盐 0.3	草粉 4	草粉 5
	预混料 0.5	食盐 0.3	食盐 0.3
		预混料 0.5	预混料 0.5

表 6-10　　蛋鸡饲料参考配方举例二　　%

0~8 周龄	9~13 周龄	14~17 周龄	产蛋期
玉米 63.94	玉米 64.63	玉米 55	玉米 38
大豆油 0.24	麸皮 5	碎米 10	小麦粉 10
豆粕 23.62	豆粕 26.6	黄豆粉 8	谷粉 12
棉籽粕 5.00	鱼粉 1	花生 10	麸皮 10
菜籽粕 4.00	磷酸钙 1.66	鱼粉 9	豆粕 13
磷酸氢钙 0.86	石粉 0.66	麸皮 3	鱼粉 5
食盐 0.34	食盐 0.35	统糠 3	骨粉 2.2
石粉 1.50	蛋氨酸 0.10	矿粉 0.25	贝壳粉 3
预混料 0.5		石粉 0.75	草粉 6
		骨粉及生长素 1	食盐 0.3
			预混料 0.5

2. 肉用仔鸡饲料配方

肉用仔鸡饲料参考配方（见表 6-11 和表 6-12）。

表 6-11　　肉用仔鸡饲料参考配方举例一　　%

饲料原料种类	前期（0~3 周龄）	中期（4~6 周龄）	后期（7 周龄至出栏）
玉米	58.15	60.75	65.5
豆粕	32	29	25
鱼粉	5	4	2
油脂	1.5	2.5	3.5
骨粉	1.6	1.7	1.8
贝壳粉	0.5	0.6	0.7
食盐	0.25	0.30	0.30
预混料	1.0	1.0	1.0
蛋氨酸	0	0.15	0.20
合计	100	100	100

表 6-12　　肉用仔鸡饲料参考配方举例二　　%

饲料原料种类	前期（0~3 周龄）	中期（4~6 周龄）	后期（7 周龄至出栏）
玉米	60	64	69
豆粕	33	28	22
油脂	2	3	4
预混料	5	5	5
合计	100	100	100

注：以上所举例的配方，在使用时应根据饲养的鸡种、环境条件和当地饲料资源情况灵活调整，不可生搬硬套。

知识链接

氨基酸是蛋白质的最基本单位

蛋白质由多种（约 20 种）氨基酸组成，它的营养作用也是由这些氨基酸来体现的。氨基酸分为两大类：一类是非必需氨基酸，动物体自身能合成，不需要从外部补充；另一类是必需氨基酸，在鸡体内不能合成或者合成速度很慢，必须由饲料供给。如蛋氨酸（Met）、色氨酸（Trp）、赖氨酸（Lys）、胱氨酸（Cys）、甘氨酸（Gly）、酪氨酸（Tyr）、组氨酸（His）、亮氨酸（Leu）、异亮氨酸（Ile）、缬氨酸（Val）、苯丙氨酸（Phe）、苏氨酸（Thr）等，这些饲料中的必需氨基酸，无论哪一种不足都会影响蛋白质的消化吸收和鸡体蛋白质的合成，进而影响鸡的生长速度和健康。尤其是赖氨酸、蛋氨酸和色氨酸，它们严重制约着其他氨基酸的利用，因此也被称为限制性氨基酸。配制鸡饲粮时应特别注意满足这三种限制性氨基酸的需要量。

第7单元 蛋鸡的饲养管理技术

模块1 育雏期饲养管理技术

0~6 周龄的小鸡称为雏鸡，雏鸡的饲养也叫育雏。育雏工作是蛋鸡生产中的重要的一环，不仅直接关系着雏鸡的正常生长发育，也会影响产蛋期的生产性能，对种鸡还会影响其种用价值。

一、雏鸡的生理特点

1. 雏鸡体温较低，体温调节机能不完善

幼雏皮薄，绒毛稀短，体温较低。初生雏鸡的体温较成年鸡低 2~3 ℃，4 日龄开始慢慢地均衡上升，10 日龄时才能达到成年鸡的体温水平。3 周龄左右，体温调节机能逐渐趋于完善。7~8 周龄以后才具有适应外界环境温度变化的能力。因此，育雏时要注意保温防寒，进行人工给温。

2. 雏鸡生长迅速，代谢旺盛

蛋用雏鸡 2 周龄时的体重约为出生时体重的 2 倍，6 周龄时为出生体重的 10 倍，8 周龄时为出生体重的 15 倍，可见雏鸡生

长迅速。雏鸡代谢旺盛，心跳快，心跳每分钟 250～350 次，安静时单位体重耗氧量与排出二氧化碳的量比家畜高 1 倍以上。所以，在饲养上要满足其营养需要，管理上要注意不断地供给新鲜空气。

3. 胃肠容积小，消化机能尚未健全

雏鸡胃的容积小，进食量有限，消化系统发育不健全。消化系统缺乏某些消化酶，肌胃研磨饲料能力低，消化能力差。因此，在育雏初期要增加饲喂次数，饲料营养上要给予含粗纤维少、易消化、营养全面且平衡的日粮。特别是与生长有关的蛋白质、维生素、微量元素等必须满足。

4. 抗病能力差

幼雏对外界环境的适应性差，对各种疾病的抵抗力也弱，稍不注意就会患病。因此，育雏阶段要打扫环境卫生，并做好疾病防疫工作。

> **提示**
>
> 鸡场防疫工作的重点是消毒、疫苗接种以及预防药物的投放。

5. 敏感性强

雏鸡对各种疾病和不良环境反应敏感，抵抗力很弱，对饲料中各种营养物质缺乏或有毒物质的过量反应会更加敏感。而且雏鸡胆小，对各种异常声响和新奇的颜色都会特别敏感，严重的会引起炸群。因此，育雏环境要安静，非工作人员要避免进入育雏舍。

提示

炸群是当鸡只遇到某种刺激，如有噪声、强光、陌生的颜色时，鸡群突然出现惊恐、尖叫、骚乱、挣扎的现象。有的鸡翅膀被折断；有的内脏出血，严重者甚至导致死亡；有的会产下无壳蛋，之后鸡群的产蛋率下降。

6. 羽毛生长快

幼雏的羽毛生长特别快，在3周龄时羽毛为体重的4%，到4周龄便增加到7%，其后羽毛重大体保持不变。从孵化到20周龄羽毛要脱换4次，分别为4~5周龄、7~8周龄、12~13周龄和18~20周龄。羽毛中蛋白质含量为80%~82%，为肉和蛋中蛋白质含量的4~5倍。因此，雏鸡对日粮中的蛋白质（特别是可以分解出含硫氨基酸的蛋白质）含量要求较高。

二、育雏期的培育目标

育雏期的主要培育目标是确保健康状况良好，饲料摄入量正常，尽早达到生长发育标准和体重标准，做好断喙、免疫、环境卫生和防疫工作。

1. 健康

雏鸡未患传染病，特别是烈性传染病，食欲正常，精神活泼，反应灵敏，羽毛紧凑而富有光泽。

2. 成活率高

育雏的第一周死亡率不超过0.5%，前三周死亡率不超过1%，最好是0~6周死亡率不超过2%。

3. 生长发育正常

雏鸡体重符合标准，生长速度能达到要求，而且全群具有较好的均匀度；骨骼良好，胸骨平直而结实，8 周龄跖骨长 76～80 mm；羽毛丰满，肌肉发育良好，没有多余的脂肪。

三、育雏前的准备

为了使育雏工作取得理想效果，育雏前必须做好各项准备工作。

1. 育雏舍的准备

（1）育雏舍的检修。育雏前要对育雏舍进行检查维修。育雏舍要做到保温良好、不透风、不漏雨、不潮湿、无鼠害。门窗能关合严密，鸡舍内通风设备应运转良好。墙壁和屋顶有损坏的要进行维修。还需做好育雏笼的维护和修缮工作。

（2）育雏舍的清洁消毒。进雏前两周必须对育雏舍地面、墙壁和天花板进行彻底清扫，然后用自来水洗刷地面、育雏笼和用具等。待晾干后，用 2%的氢氧化钠溶液喷洒；把所有可移动的设备放回育雏舍。接雏前三天用高锰酸钾和福尔马林进行熏蒸消毒，密闭门窗后熏蒸 24 h 以上。

（3）育雏舍的预热试温。育雏舍在进雏前（夏季 24 h，冬季 48 h）应提前启动加温设备对育雏舍进行预热。预热的主要目的是使进雏时的温度相对稳定，同时也检验供温设施是否完整，还能够使鸡舍内残留的甲醛逸出。室内温度要求达到 30～34 ℃。

2. 器具的准备

（1）喂料器。可自制简易喂料盘，在刚进雏时用，也可用硬纸壳代替喂料盘。还要准备饲槽或料桶供育雏期喂料使用。

（2）饮水器。常用的有乳头饮水器、杯式饮水器、槽式饮水器以及塔式真空饮水器等。一般育雏前几天使用槽式饮水器或杯式饮水器，以后再逐渐改用乳头饮水器或塔式真空饮水器。

（3）其他器具。照明设施的分布要均匀，供温设备、通风设施和消毒设备要提前准备好。

提示

常用的药品有痢特灵、痢苗净、高锰酸钾、青霉素、链霉素、庆大霉素等。

3. 饲料、药品及疫苗的准备

育雏前要准备足够的饲料，进雏前两天按照雏鸡品种的营养要求，配制加工好营养全面的雏鸡全价饲料。还要按照疫苗免疫程序和药物投放程序准备好所需的疫苗和药品。

4. 其他准备

地面育雏需要准备垫料，落实接雏人员；做好车辆消毒工作；选好饲养人员；准备好断喙器及饲养记录表格等。

提示

常用垫料有刨花、锯末、稻草及麦秸等，多用筛子筛除杂质和泥土，用消毒药消毒后，均匀地铺到地面上。

四、雏鸡的饲喂

1. 饮水

育雏时必须重视初饮，使每只鸡都能及时喝上水。生产中，先饮水后开食是育雏的基本原则。一般情况下，当雏鸡进入育雏舍后，应立即给予饮水，对不会饮水的雏鸡可将其嘴轻轻浸入水中，让其学会饮水。

小知识

初饮是雏鸡出壳后第一次饮水。及时饮水有利于雏鸡体内卵黄的吸收和胎粪的排出；同时雏鸡体内的水代谢和呼吸使水分大量散发，及时饮水有助于雏鸡体力的恢复。

育雏第一周饮用温开水（水温 18~24 ℃），若夏季温度高，4~7 天时可饮用凉开水。可在水中适当加入维生素和葡萄糖，以保证鸡的健康生长；若是经过长途运输的雏鸡，在饮水中加入糖和维生素 C能明显提高成活率；在水中添加抗生素可预防鸡白痢等疾病的发生。

随着雏鸡日龄的增加，要更换饮水器，数量上必须满足雏鸡的需要。使用水槽时，要保证每只雏鸡有 2 cm 的槽位，应保证 50 只雏鸡有一个小型饮水器。饮水器应每天刷洗消毒 1~2 次。

2. 开食

（1）开食时间。开食是指雏鸡出壳后的第一次喂料。适时开食是育雏工作中的关键技术。开食时间宜在初饮 1~2 h 之后进行。

提示

经过长途运输，刚到达目的地后不要急于饲喂，最好遮光休息一会，饮水后再开食。也不要在运输途中饲喂，因为开食后嗉囊会变大，在运输中容易因挤压而造成损伤。

（2）开食料。开食的饲料可采用营养丰富、容易消化、颗粒适中的饲料。常用小米、碎米、碎玉米等作为开食饲料。

（3）开食盘。开食前用浅平盘、硬纸壳或塑料布铺在地面或网上，硬纸壳或塑料布的面积要足够大，以便所有的雏鸡能同时采食。开食 3 天后应用料桶代替开食盘，以防粪便对饲料造成污染。用料桶代替开食盘时必须逐渐进行，以免个别鸡只因找不到饲料而影响其正常采食。

（4）喂量和喂法。第一天喂 5~6 g 开食料，第二天可增加一点雏鸡料，3~5 天后逐渐改为雏鸡料进行正常饲喂。常用的饲喂方法分干喂和湿喂两种，规模较大的大中型鸡场可采用干粉料使雏鸡自由采食，此种方法下雏鸡采食均匀，发育整齐；小型鸡场或专业户可采用湿拌料分次饲喂，湿拌料适口性强，有利于雏鸡的消化吸收。

3. 雏鸡的营养与饲喂

（1）雏鸡的营养。雏鸡要求含高能量、高蛋白、丰富的矿物质和维生素等营养物质的饲料，所以必须为雏鸡选择粗纤维含量低、营养价值较高、品质优良、容易消化的饲料，如玉米、豆粕、鱼粉、小麦麸、骨粉等。要重点满足蛋氨酸和赖氨酸两种限制性氨基酸的需要，可喂一些青绿饲料，也可在雏鸡日粮中添加足够的维生素和微量元素添加剂。

（2）雏鸡的饲喂方法。雏鸡在 1~2 周龄时，每 3 h 喂 1 次，每天喂 5~7 次；3~5 周龄时，每 4 h 喂 1 次，每天喂 4~5 次；5 周龄后每天喂 3~4 次，以后正常饲喂。喂食的原则是少量多次，时间相对固定，不可随意变动。每次喂后要及时清除剩料，避免酸败而造成浪费。喂食的同时要给予足够的饮水。

五、雏鸡的管理

1. 育雏环境控制

(1) 温度。适宜的温度是育雏最重要的条件之一，温度适宜有利于雏鸡运动、采食和饮水，从而促进生长发育。因此，必须严格控制育雏温度。雏鸡体温低，需要有保温措施，尤其在夜间更要注意保温。

提示

环境温度过低，雏鸡会因怕冷而拥挤扎堆，影响采食，甚至引起感冒或拉稀，严重时雏鸡会因挤压而造成死亡。环境温度过高，则影响雏鸡体热和水分的散发，导致体温平衡紊乱，食欲减退，生长发育迟缓，死亡率增加。

雏鸡 1~3 天时，温度应控制在 35~36 ℃，1 周龄时保持温度在 34 ℃左右，以后每周温度约下降 2 ℃，直到降至与室温相同（以 20 ℃左右为宜）。蛋鸡适宜的育雏温度见表 7-1。

表 7-1　　蛋鸡的育雏温度

周龄（周）	0~1	1~2	2~3	3~4	4~5	5~6
育雏期温度（℃）	35~32	32~29	29~27	27~24	24~21	21~18

在育雏过程中，应灵活掌握室内温度。大风或降温以及雨雪天温度要高些，夜间比白天温度要高些，免疫和断喙后的 1~2 天及发病时温度要高些。此外，褐壳蛋鸡因羽毛生长速度慢于白壳蛋鸡，前期温度要求略高，以后温度与轻型蛋鸡相同。

提示

看鸡施温：育雏温度是否适宜需要观察鸡群。雏鸡分布均匀或微聚，叫声欢快，食欲良好，饮水适度，说明温度适宜；雏鸡远离热源，张口呼吸，饮水增多，食欲减退，说明温度过高；雏鸡聚集成堆或紧靠热源，夜间睡不安稳，说明温度过低。

（2）湿度。育雏舍要有合适的湿度，湿度应随着雏鸡日龄的变化进行调整。一般育雏舍的相对湿度要求为：1周龄为65%～70%，2周龄为60%～65%，3周龄为60%左右。低于40%为低湿，高于80%为高湿。鸡舍内湿度是否适宜，可以用干湿球湿度计测定，也可根据人进入鸡舍的感觉和鸡的表现来判断。如果人在鸡舍内无鼻干、口燥症状；鸡精神状态良好，胫趾部细嫩有光泽，鸡群活动时基本无粉尘飞扬，表明湿度适宜。育雏湿度控制的一般原则是前期相对高些，后期相对低些，相对湿度保持在60%～70%。

提示

湿度过高，易引起雏鸡霉菌中毒和患球虫病。湿度过低，雏鸡体内的水分会通过呼吸大量散失，影响雏鸡体内剩余卵黄的吸收和正常采食，严重时雏鸡会出现脱水现象。如果育雏舍内过分干燥，容易引起尘土飞扬，使雏鸡患呼吸道疾病。

生产中常用的增加湿度的措施是在室内挂湿帘，在火炉上放水桶或直接向地面洒水。常用的降低湿度的措施是加强通风换气，定时清除粪便，勤换、勤晒垫料，防止饮水器漏水等。

（3）通风换气。育雏舍内经常保持空气新鲜是雏鸡正常生长发育的重要条件。应加强通风换气，及时补充新鲜空气，排出有害气体。鸡舍内有害气体包括氨气、硫化氢等，有害气体含量过高，会使鸡食欲下降，生长受阻。

密闭式鸡舍可采用机械通风，如安装排气扇或通风机，有些饲养密度较大的非密闭式鸡舍也可采用机械通风。开放式鸡舍采用开闭门窗来控制通风。为防止通风后室内温度过低，通风前应将室内温度升高 1~2 ℃。为阻止冷空气直接吹入舍内，可在窗口和门口加布帘子。室内通风是否正常，主要以人的感觉，即是否闷气及呛鼻辣眼、有无过分臭味等来判定。也可通过有害气体测定仪来判断，育雏舍内二氧化碳的含量要求控制在 0.2%左右，不应超过 0.5%，氨气含量在 0.002%以下。

（4）光照。光照与雏鸡的健康和性成熟有密切的关系。光照时间过长，雏鸡会性成熟过早，影响以后产蛋鸡的产蛋性能；光照过强，会影响雏鸡的神经机能，使鸡产生啄羽或啄肛等恶癖；光照不足，则影响雏鸡的活动和采食，导致发育迟缓；青光、黄光也易使鸡产生恶癖。因此，在育雏中要掌握适宜的光照时间、光照度及选择适宜的光色，保证鸡体健康，防止早熟或晚熟，防止产生恶癖。

小知识

勒克斯（lx）是光照度的单位。鸡舍内安装 15 W 灯泡，安装高度为 2 m，灯泡行间距 3.6 m，光照度在 5 lx 左右。

育雏初期要采用较强光照，以使雏鸡找到水源和饲料，让雏鸡熟悉环境；育雏中后期要采用弱光，以防产生啄癖；育雏期内光照时间只能减少，不能增加。从出壳到 3 日龄内雏鸡每日宜采用 24 h 光照，或 23 h 光照、1 h 黑暗，光照度为 20~30 lx；4 日龄开始，每天缩短 2 h，直至 8 h 光照，光照度为 5~10 lx。

（5）饲养密度。单位面积饲养的雏鸡数即饲养密度。密度过大，不但室内氨气、硫化氢等有害气体增加，而且空气湿度也会增高，雏鸡活动受到限制，易产生啄癖，还会出现饲喂时采食不均，导致雏鸡生长发育不良，鸡群均匀度差，发病率和死亡率提高。密度过小，房舍设备不能充分利用，饲养成本提高，会影响经济效益。生产实践中应根据房舍结构、饲养方式和雏鸡品种的不同，确定合理的密度。适宜的饲养密度见表 7-2。

表 7-2　　不同育雏方式雏鸡的饲养密度　　只/米²

周龄	地面	网上平养	笼养
1~2 周	30~40	40~50	50~60
3~4 周	20~30	30~35	35~40
5~6 周	15~20	20~25	25~30

2. 剪冠

剪冠的目的是减少公鸡长大后因争斗而造成冠的损伤。剪冠在 1~2 日龄进行。操作时，左手握雏，拇指和食指固定鸡头两侧，用弯剪贴着冠基由前向后一次剪掉。

3. 断喙

断喙的时间及方式：在 6~10 日龄进行，对断喙不成功或重新长出的喙可在 12 周龄前后进行修整。

断喙所用时间越短越好，以尽量减少鸡只受到的应激影响。断喙器的刀片温度一般在 600~800 ℃。断喙时左手握住雏鸡，右手拇指放在雏鸡头部背侧上方，食指放在咽喉部下方，将鸡喙插入断喙孔，切去上喙部的 1/2 和下喙部的 1/3，在切口与鸡的鼻孔之间至少留下 0.2 cm，一定要把雏鸡的上下喙闭合整齐一起切，切后在刀片上灼烙 2~3 s，以利止血，如图 7-1 所示。

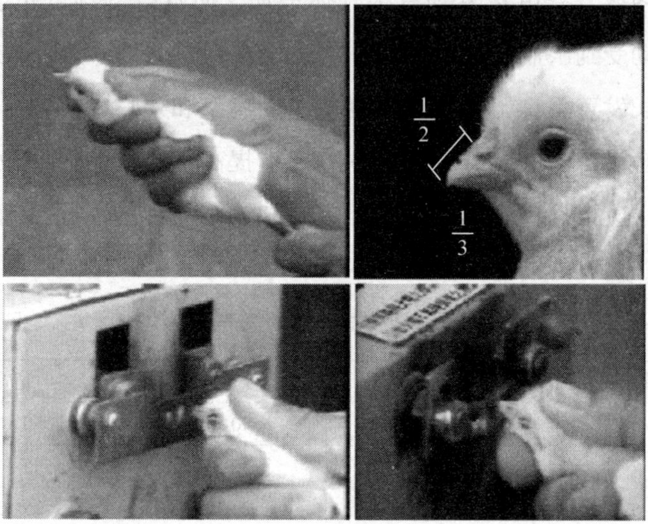

图 7-1　雏鸡断喙

提示

免疫期、生病期和环境温度高时不能断喙。

断喙前后 3 天应在饲料中加维生素 K。

断喙后如果有流血，则应及时灼烙。

断喙后水、料要充足。

4. 断趾

为防止公鸡在交配时踩伤母鸡的背部，在 1 日龄用截爪器截去公雏鸡第 1 和第 2 趾的趾爪（有时仅截去第 2 趾的趾爪）。截爪的部位是在爪甲盖后面（第一关节），把趾头的外关节切断，如图 7-2 所示。

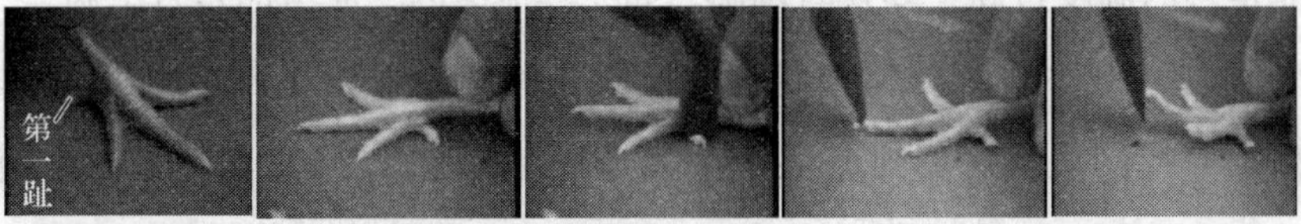

图 7-2　公雏鸡切趾

5. 分群

分群能够节约饲料，使鸡群发育整齐，提高育雏效果。在育雏期间分群可进行三次。第一次是在雏鸡出壳后转入育雏舍时，将弱雏淘汰，并按品种和公母加以分群；第二次是在 10 日龄左右断喙或接种疫苗时，再将弱雏挑出；第三次是在 4~6 周龄脱温转群时，再按照强弱分群饲养。

6. 疾病预防和免疫接种

育雏期间要注意雏鸡常见病的预防。雏鸡 3 周龄前，可在饲料或饮水中添加抗鸡白痢的药物，如氟哌酸、痢特灵或土霉素等。2~10 周龄时在饲料中添加抗球虫药物，如球痢灵、复方敌菌净或速丹等。还要及时给雏鸡接种疫苗。通常，1 日龄接种马立克氏病疫苗；2 周龄用新城疫Ⅱ系或Ⅳ系疫苗滴鼻或饮水，用传染性法氏囊病疫苗饮水；5~6 周龄使用新城疫、传染性支气管炎、传染性法氏囊病疫苗免疫接种。

7. 观察鸡群

在雏鸡管理上，日常观察鸡群是一项比较重要的工作，要做好观察工作，及时了解饲料搭配是否合理，雏鸡是否健康，温度是否适宜等，以便及时采取应对措施，改善管理，提高雏鸡成活率。

(1) 观察鸡群采食和饮水情况。观察采食和饮水情况，主要在早晚进行。健康鸡食欲旺盛，晚上检查时嗉囊饱满，早晨喂料前嗉囊空，饮水量正常。如果发现雏鸡食欲下降、剩料较多、饮水量增加，则可能是舍内温度过高，要及时调温。如无其他原因，应考虑是否患病。

（2）观察雏鸡的精神状况。及时剔除鸡群中病弱雏，可将其单独饲养或淘汰。病弱雏常表现为离群闭眼呆立、羽毛蓬松不洁、翅膀下垂、呼吸有声等。

（3）观察雏鸡的粪便情况。每天清晨，应及时检查鸡粪的颜色和形状有无异常，以便判断鸡群是否健康或饲料的质量是否发生变化。正常的粪便为灰绿色且成形，表面有尿碱沉着。

提示

如见粪便稀且有恶臭，呈黄白色或黄绿色，附有黏液或血液等，多见于新城疫、禽霍乱或伤寒等传染病；如粪便呈白色稀糊状，且粘于泄殖腔周围，一般是鸡白痢；若排出红色或带肉质黏膜的粪便，一般是球虫病。

（4）观察鸡群的行为。观察鸡群有没有恶癖，如啄羽、啄肛、啄趾等，以便及时判断日粮中的营养是否平衡等。

8. 卫生管理

要保持环境卫生，育雏舍内外必须每天清扫一次，所有用具都要保持清洁，料槽和水槽要定期洗刷并消毒，最好每周用热碱水洗刷一次，并放在阳光下曝晒。及时清除鸡粪，经常通风换气。对于潮湿和腐败的垫料或吃剩的鸡饲料也要及时清除。

9. 做好日常记录

记录的项目主要有：每天鸡舍的温度、湿度、光照时数与通风换气情况；鸡的存栏只数、死亡淘汰数及其原因；饲料的饲喂量与鸡的采食和饮水情况；免疫接种和投药情况等。每批次育雏都要认真记录，在育雏结束后进行系统分析，为下批次的育雏工作积累经验。

模块 2　育成期饲养管理技术

育成期是指从雏鸡脱温到开产前（7~20 周龄）这一阶段，处于这个阶段的鸡叫育成鸡。一般 7~14 周龄称中雏，15~20 周龄称大雏。

一、育成鸡的生理特点

1. 体温调节能力逐步健全

育成鸡全身羽毛已经经过几次脱换，长出成年羽毛，御寒能力增强，在寒冬季节，只要鸡舍保温条件好，舍温在 10 ℃以上，则不必采取供暖措施。

2. 消化能力增强

育成鸡的胃肠容积增大，各种消化酶的分泌量也增多，对饲料利用能力增强。

3. 体重和骨骼生长处于旺盛时期

育成鸡生长发育迅速，体重增长快，骨骼发育也快，对钙的沉积能力加强。13 周龄后脂肪的沉积随日龄增加而逐渐累积。

4. 生殖系统发育快

育成鸡在 10 周龄以后性腺开始快速发育，到 16~17 周龄时接近性成熟。但这时身体还没发育成熟，如果不采取适当饲养管理措施，小母鸡便可能提早开产，对身体发育和以后产蛋造成不良影响。

5. 抗病能力增强

育成鸡免疫器官逐渐发育成熟，鸡的生理防御机能和对疾病的抵抗能力增强。

二、育成期的培育目标

育成期的培育目标是培养出健康、体重达标、均匀度高、体成熟与性成熟一致的后备母鸡。

> **提示**
>
> 育成鸡的培育重点是防止早熟和过肥。

1. 健康、体重达标

育成鸡要求健康无病，体重符合所饲养鸡的品种标准，肌肉发育良好，无多余脂肪，骨骼坚实，体质状况良好。如现代良种育成鸡到20周龄体重：罗曼褐鸡1.64~1.87 kg，迪卡鸡1.76 kg，伊莎褐鸡1.55~1.65 kg，罗曼白鸡1.35 kg。

2. 较高的均匀度

均匀度可以反映鸡群发育是否整齐，也可以反映育成鸡的质量，所以均匀度的高低直接决定了产蛋鸡的生产性能。均匀度好的鸡群要求体重均匀度和胫长均匀度都在80%以上。

> **小知识**
>
> 体重均匀度是指鸡群中体重在平均体重±10%范围内的鸡只所占的百分比。
>
> 胫长均匀度是指鸡群中胫长在平均胫长±10%范围内的鸡只所占的百分比。

3. 体成熟和性成熟一致的鸡群

育成期要培育出性成熟和体成熟一致的鸡群，因为这样的鸡群开产会适时整齐，容易达到产蛋高峰，并且高峰维持时间也持久。但是性成熟和体成熟差异大会导致鸡只开产提前或推迟，鸡只进入产蛋高峰不集中，会带来较大经济损失。

4. 适时开产

开产日龄应该与本品种鸡开产日龄的标准一致，开产过早，鸡只体重不达标，蛋小，而且双黄蛋、脱肛现象严重，产蛋高峰持续时间短；开产过晚，会导致产蛋量减少，造成一定的经济损失。适时开产对鸡群产蛋高峰的持久性、蛋重以及总产蛋量都有很大的好处。

小知识

鸡的开产日龄是指母鸡开始产第一个蛋的日龄，鸡的饲养期产蛋量与开产日龄直接相关，生产中的技术要求是：鸡群应适时开产，如白壳蛋鸡的适宜开产日龄为 150~160 天。

三、育成鸡的饲养

1. 育成鸡的日粮过渡

从育雏期到育成期，饲料的更换会有一个很大的转折。育成期第 1~2 天，用 2/3 的育雏期饲料和 1/3 育成期饲料混合喂给；第 3~4 天，用 1/2 的育雏期饲料和 1/2 育成期饲料混合喂给；第 5~6 天，用 1/3 的育雏期饲料和 2/3 育成期饲料混合喂给；7 天后喂给育成期饲料见表 7-3。

表 7-3　　育成期日粮过渡方法

时间 / 料型比	1~2 天	3~4 天	5~6 天	7 天以后
育雏料	2/3	1/2	1/3	
育成料	1/3	1/2	2/3	全部

2. 育成鸡的限制饲喂

限制饲喂简称限饲，就是人为控制鸡的采食量或者降低鸡采食饲料的营养水平。通过限饲可以控制鸡的生长，防止体重超标，抑制性成熟，从而使小母鸡在比较合适和性成熟、体成熟比较一致的时间内开产，同时可节约 10%~15%的饲料，培育出体质稍瘦而强健的青年母鸡，可稍微延迟母鸡开产期，以延长产蛋高峰期维持时间，从而获得更大的经济效益。

蛋鸡育成期从 8~10 周龄开始实施限制饲喂，至 18 周龄转群上笼前结束。限制饲喂的方法有三种，分别为限量法、限时法和限质法。

提示

根据育成鸡生理特点，如饲养管理措施不当，容易造成性成熟提前和过肥，因此育成鸡饲养管理的关键是控制光照和限制饲喂。

（1）限量法。限量法就是不限制采食时间，把配合好的日粮按限制量喂给，限制饲喂量比自由采食量要减少 10%~20%。采用这种方法，必须首先掌握鸡的自由采食量，每天的喂量应准确称量，日粮质量必须符合要求。

（2）限时法。限时法分隔日限制饲喂和每周限制饲喂两种。

隔日限制饲喂：将 2 天的饲料量在 1 天喂完，另 1 天不给料只给饮水。特别是热天不能断水。这种方法适于生长速度较快，体重超标的鸡。

每周限制饲喂：每周停喂 1 天或 2 天，即 1 周的料量在 5 天或 6 天内喂给，另外 1 天或 2 天不喂料只给饮水，可节约 5%的饲料，这种方法适用于蛋鸡育成期限制饲养。

（3）限质法。限质法是让日粮中某些营养成分低于正常水平，从而达到限饲的目的，如提供低能量、低蛋白质或低赖氨酸日粮。在配制日粮时，增加体积大的饲料（如糠麸、叶粉等），同时降低能量饲料或者蛋白质饲料。限制水平一般为：7～14 周龄日粮中粗蛋白质为 15%，代谢能 11.49 MJ/kg；15～20 周龄蛋白质为 13%，代谢能 11.28 MJ/kg。

提示

限制饲喂时需定期抽测体重。

应有足够的食槽。

限制饲喂的鸡群一定要断喙。

在限制饲喂前，要对鸡群进行分群。

应激情况下，应暂停限饲。

3. 育成鸡的饮水

育成期每只鸡的饮水位置要足够，一般为 3 cm 长，饮水器位置固定不变，每天坚持清洗一次饮水器，保证充足清洁的饮水。

4. 添喂砂砾

为了提高胃肠的消化机能，改善饲料转化率，育成期内有必要添喂砂砾，添喂砂砾要注意添加量和粒度（见表7-4）。

表7-4　每1 000只育成鸡每周砂砾添加量和粒度

周龄	数量（kg）	砂砾直径（mm）
8~12	9.0	3.0
12~20	11.0	3.0

添喂方法：可将砂砾拌入饲料饲喂，也可以单独放入砂槽内任鸡自由采食。砂砾要清洁卫生，添喂之前用清水冲洗干净，再用0.01%高锰酸钾溶液消毒后使用。

四、育成鸡的管理

1. 及时转群

一般蛋鸡在7~8周龄要从雏鸡舍转入育成舍，转入之前育成舍及其设备必须彻底清扫、冲洗和消毒，在熏蒸消毒后，密闭空置3~5天后进行转群。转群第一天应给予24 h光照，同时在转群前做到水、料齐备，环境条件适宜，使育成鸡进入新舍能迅速熟悉环境。转群尽量夏季在早晚，冬季在中午进行，转群前6 h停料，前后3天添加多种维生素和抗生素，尽量减少因转群使鸡产生应激反应。

如果是在寒冷季节转群，舍温低时应当及时补充舍温，使舍温达到与转群前温度相近或高1 ℃左右。如果转入育成笼，由于每小笼鸡数少，当舍温在 18 ℃以上时，则不必补温。转入育成舍后，要使每笼鸡数符合饲养密度要求。

> **提示**
>
> 转群第一天应给予 24 h 光照。
>
> 减少温差。
>
> 减少应激。
>
> 整顿鸡群。

2. 预防啄癖

预防啄癖不能单纯依靠断喙，而应当配合改善室内环境，通过降低饲养密度、改进日粮、降低光照度和减少光照时间等方法来预防啄癖。已经断喙的鸡，在 14~16 周龄转群前，应拣出早期断喙不当或捕捉时遗漏的鸡进行断喙。

3. 训练上栖架

小型鸡场或非笼养鸡要训练育成鸡上栖架。上栖架不但有利于鸡体健康，而且可以防止在地面挤堆造成伤亡。鸡有登高栖息的习性，大部分鸡会自己上架栖息，对于不会上架的鸡，要在晚间抱其上架，直到其习惯自己上架。注意抱鸡时动作要轻，防止鸡群受惊。

4. 环境控制

（1）温度控制。育成鸡的最佳生长温度为 21 ℃，一般控制在 15~25 ℃。夏天炎热要做好防暑工作，冬季寒冷要做好保温工作。

（2）湿度控制。育成鸡对环境湿度不太敏感，相对湿度在 40%~70%范围之内都能适应，但地面平养时应尽量保持地面干燥，防止环境过于潮湿。

（3）通风控制。育成舍在温度不太低的情况下，应该加大通风换气量，尽可能地减少舍内氨气和尘埃，即使在冬季，也要设法保持舍内的空气新鲜，以减少呼吸道疾病的发生。通风要使气流能均匀地通过全舍，减少气流死角或贼风出现，要根据天气情况随时调节进风口的方位和大小，使进入舍内的气流自上而下地吹过，不可以直接吹到鸡体上，避免诱发条件性疾病。

（4）密度控制。饲养密度应保持在平养鸡 10~15 只/米^2，笼养鸡 15~16 只/米^2。

5. 光照控制

鸡在 10~20 周龄时性器官开始发育，此时光照时间的长短影响性成熟的早晚，在光照时间逐渐延长的情况下，性成熟会提前，反之性成熟会推迟。为适当抑制育成鸡性腺发育，使其适时开产，育成期的光照应遵循的原则为：绝对不能延长光照时间，以每天 8~9 h为宜，光照度以 5~10 lx 为宜，光照时间和光照度要相对稳定。

（1）密闭式鸡舍的光照管理。由于密闭式鸡舍不受外界自然光照的影响，可以采用恒定的光照程序，即从 4 日龄开始到 20 周龄，恒定光照为 8~9 h，从 21 周龄开始，使用产蛋期光照程序。

（2）开放式鸡舍光照管理

1）春夏季（4—8 月）孵出的雏鸡，生长后期正处于日照渐短时期，可完全利用自然光照。

2）秋冬季（9 月至翌年 3 月）孵出的雏鸡，生长后期处于日照渐长或较长时期，在此期间育成鸡如完全利用自然光照，通常母鸡性器官会加速发育，促使鸡只提早成熟。可采用遮黑法来控制光照时间，将鸡舍门窗等透光处安装卷帘，使鸡舍完全被遮黑而形成暗室，每天定时将门和窗帘卷起或放下，这样可将光照时间控制在所要求的范围内。

6. 均匀度控制

均匀度是指鸡群发育的整齐程度，它是品种生产性能和饲养管理技术的综合指标，包括体重均匀度、胫长均匀度以及性成熟均匀度。生产中对体重均匀度关注较多。均匀度高说明鸡群生长发育一致，鸡群开产会比较整齐，产蛋高峰期维持时间也会较长。一个良好的育成鸡群不仅体重要符合标准，而且均匀度也要高。

（1）体重测定。白壳蛋鸡要求从 6 周龄开始每隔 1~2 周称量一次体重，褐壳蛋鸡从 4 周龄后每隔 1~2 周称量一次体重，以便及时调整饲养管理措施。称量体重的鸡只数量：每万只鸡按 1%抽样，小群按 5%抽样，但总数不能少于 50 只。抽样要有代表性，平养鸡一般是先把栏内的鸡慢慢驱赶，使舍内各区域的鸡均匀分布，然后在鸡舍的任意地方随意用铁丝网围出需要的鸡数，并将伤残鸡剔除，对剩余的鸡逐个称重登记，以保证抽样鸡具有代表性。笼内饲养的鸡，要在鸡舍内不同区域抽样，每层笼取样数量也要相等。体重测定要安排在相同的时间，如周末早晨空腹，称完体重后再喂料。

（2）均匀度测定。鸡群的体重均匀度是指群体中体重在平均体重±10%范围内的鸡所占的百分比。例如：某鸡群 10 周龄平均体重为 760 g，超过或低于平均体重 10%的范围是：

$$760\ \text{g} + (760\ \text{g} \times 10\%) = 836\ \text{g}$$

$$760\ \text{g} - (760\ \text{g} \times 10\%) = 684\ \text{g}$$

在 5 000 只鸡群抽样 5%的 250 只中，体重在平均体重±10%范围内的有 198 只，占称重总鸡数的百分比是 79.2%，抽样结果表明，这群鸡的体重均匀度为 79.2%。体重均匀度在 70%~76%时为合格，达 77%~83%为较好，达到 84%~90%为很好，所以这群鸡的体重均匀度较好。

（3）均匀度下降的原因。在鸡群密度大、喂料不均匀、不按标准喂料、断喙不正确、每个笼或栏内饲养鸡的数目不一致以及患疾病时，体重均匀度均会下降。

（4）提高均匀度的措施

1）分群管理。按体重大、中、小及时分群，对于发育差的、体重小的鸡单独饲养，增加营养，使其体重迅速增加。对体重太大的鸡进行限饲，减缓其生长速度，从而提高鸡群的均匀度。

2）降低密度。可以通过降低鸡群饲养密度的方法，提高鸡群的均匀度。合理的饲养密度是网上平养或地面平养 8~10 只/米^2，饲槽宽度位置每只鸡占据 7.5 cm，水槽宽度每只鸡占据 3.0 cm，一般笼养时占据宽度是平养时的两倍。

7. 做好防疫工作

育成鸡由于实行限制饲养，造成了饲养逆境，导致鸡体抵抗力下降。如果外界环境高温高湿，病原微生物就极易侵袭鸡体引起发病。在此阶段要注意新城疫和禽霍乱的发生，常发生的疾病还有球虫病、鸡败血支原体病以及一些体内外寄生虫病等。为了防止疾病发生，要按期接种疫苗，还要进行一次体内驱虫工作。

杜绝外来人员进入生产区和鸡舍，饲养员进入前要消毒，保持鸡舍环境、饮水和饲料的安全卫生。每天进行带鸡消毒和鸡场内外的消毒，从而减少疾病的发生。消毒前要彻底清扫和冲洗，以保证消毒效果。

8. 避免应激

在育成后期，特别是开产前，由于生殖器官的发育加快，鸡对环境变化的反应很敏感。为了防止应激反应影响到鸡只的正常生长发育，在日常管理上应尽量减少应激，具体注意事项有：保持环境安静，不要经常调换饲料配方，尽量不要改变作息规律，捉鸡动作要轻，尽量在同一舍内育成，转群上笼和免疫接种时间最好安排在晚上。

开产前应激因素较多，可在饲料或饮水中加入抗应激药物，常用的抗应激药物有维生素 C、延胡索酸和镇静剂氯丙嗪等。

9. 淘汰病弱鸡

在育成期要集中进行 2 次病弱鸡的挑选和淘汰：第 1 次是在 8 周龄前后，选留发育快的，淘汰发育不全、过于弱小或有残疾的鸡；第 2 次是在 20 周龄前后，挑选外貌结构良好的，淘汰不符合品种特征、喙过短及过于消瘦的个体。只有注意及时淘汰病弱鸡，才能使鸡群整齐一致，保证鸡群安全。

10. 加强观察

每天要认真观察鸡群，重点观察鸡的采食、呼吸、粪便等情况，发现问题及时解决。

模块 3　产蛋期饲养管理技术

蛋鸡从开产到淘汰为产蛋阶段，一般是 20~72 周龄，一些高产品种可推迟到76周或78周龄淘汰。产蛋期的主要任务是创造有利于蛋鸡健康和产蛋量的最佳环境，使鸡群充分发挥生产性能。

一、产蛋鸡的生理特点

1. 外貌和行为变化明显

产蛋鸡的鸡冠、眼睑以及肉髯发红。皮肤上的黄色素逐渐消退。耻骨开张明显，耻骨开张间隙有3指宽。将要开产或者开产时间不长的母鸡，经常发出“咯咯”的长音叫声，并且见到人或公鸡有下蹲动作。

2. 已达到性成熟，大部分鸡还没达到体成熟

性成熟后输卵管发育迅速，在短时期内就会变得又粗又大，卵巢迅速增长到40 g左右。刚进入产蛋期的母鸡虽然性已成熟，开始产蛋，但大部分身体还没有发育完全，体重仍然在增长。大部分鸡约到40周龄时生长发育才基本停止，40周龄后增重部分主要是脂肪沉积。因此，在产蛋初期应提供高能量和高蛋白饲料，以供给鸡的产蛋和生长发育。

3. 对环境变化敏感

产蛋鸡富于神经质，对环境的变化非常敏感。鸡在产蛋期间对饲料配方的变化、饲喂设备的更换，温度、湿度、通风、光照、饲养密度、饲养人员、日常管理程序的改变以及其他因素的变化都会产生应激反应，从而对产蛋产生不良影响，影响产蛋性能。因此，维持产蛋鸡环境的稳定是保证其产蛋性能稳定的必要条件。

4. 不同周龄的产蛋鸡对营养物质的利用率不同

在产蛋期的不同阶段，鸡对营养物质的利用率不同。刚性成熟

时，由于母鸡卵巢释放大量的雌激素，使鸡对于钙的沉积能力加强；从开产到产蛋高峰时期，鸡对于营养物质的消化能力增强，其采食量持续增加；到产蛋后期，消化能力减弱而脂肪沉积增加。因此，生产中必须根据产蛋期的不同阶段鸡对营养物质的利用特点供给饲料。

二、产蛋规律及产蛋曲线

1. 产蛋规律

（1）年产蛋规律。在正常情况下，鸡群产蛋有一定的规律。第一年产蛋量最高，以后每年递减 15%～20%。

（2）周期产蛋规律。产蛋随周龄的增长呈现“低—高—低”的变化。

（3）蛋重变化规律。蛋重随周龄变化的一般规律为：母鸡刚开产时蛋重较小，随着周龄的增加，蛋重也迅速增加，经过约 60 天的迅速增长以后，蛋重增加逐渐减慢，在约 300 日龄以后蛋重趋于稳定。

2. 产蛋曲线

（1）产蛋曲线绘制。根据鸡的产蛋情况，以产蛋周龄为横坐标，以产蛋率为纵坐标，将产蛋鸡每周日产蛋率的数值标在图上，将多点连接起来所绘制成的曲线，就是产蛋曲线，如图 7-3 所示。

（2）产蛋曲线分析。鸡群开产后，最初 5～6 周内产蛋率迅速提高，到达产蛋高峰，以后则平稳地下降至产蛋末期。正常的产蛋曲线有以下特点：

1）上升速度快。开产后初期产蛋量虽然不大，但此时的产蛋率

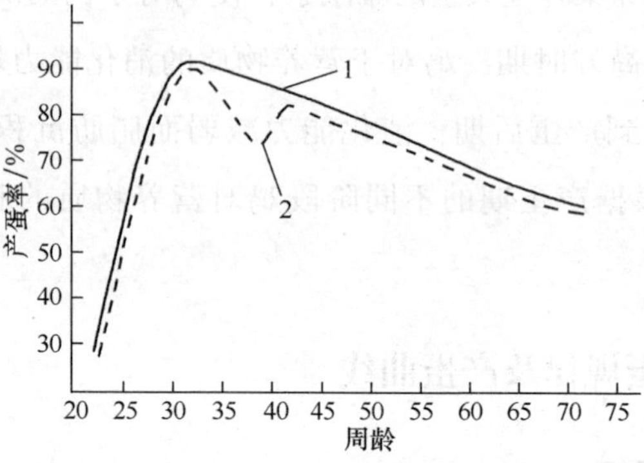

图 7-3　产蛋曲线

1—产蛋标准曲线　2—产蛋异常曲线

每周成倍地增加，如 5%、10%、20%、40%等。到达 40%后则每周增加 20%左右，一般在第 27~32 周龄达到产蛋高峰，少数品种鸡产蛋高峰前移到 23~25 周龄。

提示

鸡场技术员应及时绘制鸡场每一品种、每一批次的实际产蛋曲线，并同产蛋标准曲线相比较。如果偏离标准曲线，说明饲养管理出现了问题，应找出原因并及时纠正。

2）下降速度慢。产蛋高峰期过后（一般在 40 周龄左右），曲线下降得十分平稳。产蛋标准曲线每周下降的幅度是相等的。产蛋率一般每周下降不超过 1%（0.5%左右），直到 72 周龄产蛋率下降至 65%~70%，此时产蛋鸡淘汰。

3）产蛋损失无法补偿。在产蛋期间，如因饲养管理不当或疾病等应激因素引起产蛋量下降，产蛋率就会低于产蛋标准曲线上相应周龄对应的产蛋率，即使以后能够恢复，产蛋曲线也不会超过标准，产蛋量下降的部分也得不到完全补偿，经济损失就比较大。

若产蛋率下降发生在产蛋曲线的上升阶段，其后果将极为严重，在该鸡群的产蛋曲线上则表现为上升中断，产蛋曲线下降，并永远达不到其标准高峰。产蛋率下降如发生在产蛋曲线的下降阶段，则对产蛋的影响不像上升阶段那么严重。只有在良好的饲养管理条件下，鸡群的实际产蛋状况才能同标准曲线相符。产蛋曲线能反映出鸡群的产蛋状态，在生产中应综合分析，并充分加以利用。

小知识

产蛋高峰是产蛋曲线的最高峰，也是产蛋率最高的时期，一般产蛋率可达 90%以上。

产蛋高峰期是产蛋率达 80%以上的一个时期，也称高峰持续期。根据品种和饲养水平不同，产蛋高峰期的产蛋率也有所不同。

三、产蛋前的准备

1. 鸡舍的整理与消毒

当产蛋鸡即将达到性成熟就要由育成舍转入产蛋舍时，在转舍之前必须对鸡舍及设备进行检修、清洗以及消毒。及时检修供水、供料、供电、刮粪以及通风等设施，同时要对鸡舍防雨、保温设施和门窗玻璃等进行检修。各项设施检查并运行正常后，再对鸡舍进行最后一次消毒。产蛋舍的清理和消毒按如下程序进行。

（1）喷洒消毒。当上批产蛋鸡被淘汰后，在打扫和清理之前要进行消毒。用普通消毒剂（有机氯消毒剂、百毒杀、过氧乙酸等）对舍内进行喷雾消毒，使舍内环境潮湿，以防清扫时尘埃飞扬。

（2）清理物资。移出用具，拆掉棚架，并将产蛋箱、饮水用具、喂料用具、清粪用具等（机械用具除外）搬出舍外，在指定地点进行冲刷、晾晒以及消毒。

（3）鸡舍清扫和冲洗。先清理舍内的鸡粪，然后再彻底清扫鸡舍，包括顶棚、墙壁、鸡笼、网架和地面等。清洗完毕后用高压水枪对鸡舍顶棚、墙壁、鸡笼、网架、地面等进行彻底冲刷，使舍内真正达到清洁状态。

（4）火焰消毒。用火焰喷灯或其他火具将舍内表面喷烧一遍（对于塑料制品和木制品应注意防火和保护），以达到表面灭菌的目的。

（5）设备复位。将移出后清洗和消毒过的料桶、料槽、饮水器等用具重新搬至舍内，并安装调试正常。地面平养时铺好垫料。

（6）喷洒消毒。当舍内温度达到25 ℃以上、相对湿度达到60%以上时，要封闭好门窗及通风口，用烈性消毒药品进行喷洒消毒。可选用2%~3%的氢氧化钠溶液（不能用金属器皿盛装）、福尔马林（用水1∶1稀释后直接喷洒）、10%的石灰水等。喷洒的顺序是地面→顶棚→墙壁→鸡笼（或网架）→其他设备→地面。喷洒消毒必须坚持消毒→干燥→再消毒→再干燥的步骤，以保证较好的效果。

（7）熏蒸消毒。当上述工作完成后，将鸡舍门窗和通风口封闭，使舍内温度升至25 ℃以上，相对湿度达到60%以上，用高锰酸钾（15 g/m^3）和福尔马林（30 mL/m^3）熏蒸24 h，转舍前打开产蛋舍门窗，散发气味。空舍时间不低于3周。

2. 转群

（1）转群时间。育成鸡在 17~18 周龄即可转入产蛋舍，最迟不要晚于 19 周龄，转群过晚会影响一部分接近开产或已开产的母鸡正常产蛋。

> **提示**
>
> 转群后进行换料与补光。18 周龄且产蛋率达 5%时要用预产期料，同时增加光照。换料与补光依据如下。
>
> 18 周龄体重达到该品种标准时即可换料，同时开始补光。
>
> 18 周龄体重虽未达到标准，却已有部分鸡开产，也应换料，但于一周后再开始补光。

（2）整顿鸡群。转群前要对育成鸡进行一次选择，应按体重发育情况分群饲养，严格淘汰病、弱、残及外貌不符合本品种要求的鸡，并认真做好转群记录。

（3）避免应激。转群前后 3 天要给鸡在饮水中加入电解质和维生素以缓解转群应激。转群时要注意选择适宜的天气，且最好在夜晚进行。抓鸡时动作要轻，防止炸群。车辆运输时应尽量减少颠簸，避免挤压。转群后尽快恢复喂料和饮水，以稳定恐惧情绪。

3. 免疫接种、驱虫

转群前把必要的免疫接种都做完，并检测抗体，特别是新城疫和禽流感的免疫抗体，要保证鸡体有足够的免疫抗体，从而安全度过产蛋高峰期。为防应激，免疫接种最好安排在晚上进行。转群前要对全群鸡进行驱虫，主要是驱除肠道线虫，全群投药 1~2 次，疗程 3~5 天。

四、产蛋鸡的阶段饲养

根据产蛋鸡的周龄和产蛋率，将产蛋期划分为若干阶段，不同阶段喂给不同能量、蛋白质和钙的日粮，以满足产蛋的需要，这种方法称为分段饲养。比较常用的是三段法：第一阶段（20~40 周龄）、第二阶段（41~60 周龄）、第三阶段（61~72 周龄）。

1. 第一阶段（20~40 周龄）

此阶段是从开产到产蛋高峰期结束，产蛋率先是急剧上升到高峰，后在高峰期持续。鸡的体重还在增加，同时蛋重也在增加。为满足鸡的生长和产蛋需要，饲料营养水平要高，而且要自由采食。这个阶段必须尽可能维持鸡舍环境的稳定，并尽可能地减少各种应激因素的干扰。

提示

若产蛋高峰期鸡体重减轻，则意味着体内储存的能量被过多动用，如果不及时补充日粮，产蛋率就会下降或者产蛋高峰期就会提前结束。

（1）开产。这个时期的特点是产蛋率增长很快。开产是产蛋鸡一生中的重大转折，是一个很大的应激因素，在这段时间内体重要增长，蛋重逐渐增大，产蛋率迅速上升，消耗鸡的大部分体力。因此，饲料营养物质浓度必须高，粗蛋白、钙、蛋氨酸、维生素、微量元素等均要增加，以确保营养成分供应充足，力求产蛋高峰期尽快到来，充分发挥其生产性能。

（2）产蛋高峰期。产蛋高峰期是饲养蛋鸡的关键阶段，产蛋鸡每天摄入的营养除用于基础代谢外，还用于鸡体重的继续增长和高水平的产蛋。所以饲料营养要全面、均衡以及稳定，要给予优质的蛋鸡高峰料。尽可能地维持温度、湿度、光照、饲料、人员的相对稳定，减少应激因素的产生。

2. 第二阶段（41~60 周龄）

此阶段产蛋率由高峰开始缓慢下降。鸡的生长发育已经停止，体重增加是以脂肪沉积为主。所以在饲料营养物质的供应上，在不影响产蛋的情况下，适当降低饲料的能量浓度。

3. 第三阶段（61~72 周龄）

此阶段产蛋率下降速度加快。鸡对钙的吸收降低，所以蛋壳变薄变脆，而母鸡的脂肪沉积增加，为避免鸡只过肥影响产蛋，在降低能量的同时要对鸡进行限制饲喂。一般限饲产蛋鸡的耗料量不应低于同龄自由采食鸡耗料量的 91%~92%。具体营养需要见第 6 单元鸡的营养与饲料配制。

提示

限制饲喂需要注意：如果产蛋量下降太快，就将减料量恢复到前一阶段水平。当鸡群受应激时，不可以进行限制饲喂。

五、产蛋鸡的饲喂

1. 喂料

产蛋鸡多使用干粉料，饲喂次数每天 2~3 次，自由采食。喂料时料槽中的饲料应分布均匀，料槽要经常清洗消毒。饲料不要加得太满，不应超过料槽的1/3，以免被鸡啄撒而造成浪费。为保持鸡旺盛的食欲，每天应保证有一定的空槽时间，以防止饲料长时间在饲槽存放，使鸡产生厌食和挑食的恶习。应保证有足够的采食位置，一般平养时每只鸡占据食槽宽度轻型品种为7.5 cm，中型品种为10 cm；笼养时，轻型品种为10 cm，中型品种为15 cm。

2. 饮水

产蛋鸡必须保证有充足、清洁、新鲜的饮水。饮水方法以长流水为最好，若不是长流水，每天应换2~3次的水。水槽应保持卫生、清洁、无异味。一般平养时，每只鸡占据水槽宽度轻型品种为2.5 cm，中型品种为3.8 cm；笼养时每只鸡占据的水槽宽度与食槽宽度相同。

六、产蛋鸡的管理

1. 鸡舍环境控制

（1）温度、湿度和通风。对产蛋鸡而言，适宜的温度为13~24 ℃，其中13~16 ℃时产蛋率较高，15.5~25 ℃时料蛋比较高。据统计，在25~30 ℃时，温度每升高1 ℃，产蛋率约下降1.5%，蛋重约减轻0.3 g；温度在30 ℃以上时，产蛋率急剧下降。气温高达37.8 ℃时，鸡有发生热衰竭的危险，尤其是笼养蛋鸡，高温产生的影响更大。

提示

湿度往往和温度共同发生作用，高温高湿的环境对鸡的影响比较大，导致鸡采食量减少，鸡体难以忍受；且易使病原微生物繁殖，导致鸡群发病。

舍内最适宜的相对湿度为 50%~70%。为保证鸡舍空气新鲜，舍内应保持一定量的空气流通，一般夏季风速 1~1.5 m/s，冬季风速 0.3~0.5 m/s。舍内空气中二氧化碳含量不应超过 0.15%，硫化氢不超过 10 mg/m³，氨气不超过 20 mg/m³。冬季要处理好通风与保温的矛盾，合理安排好通风时间。

（2）光照。光照的原则是：在育成期不宜延长，在产蛋期不能缩短，育成期的光照时间一般为 8~9 h，产蛋期的光照时间应保证 14~16 h。产蛋期光照时间增加的方法是：从 18 周龄开始，在原来每天光照 8~9 h 的基础上，每周增加 0.5~1 h，一直递增到每天光照 14~16 h，然后稳定在这一水平上，最后 1~2 个月可增加到 17 h。产蛋鸡体重小于标准体重的鸡群需要晚一周再开始补光。

提示

不宜大幅度增加光照时间，尤其是临近开产时，否则会引起产蛋鸡泄殖腔外翻，出现啄肛现象。光照时间不宜超过 17 h，否则对产蛋有抑制作用。

蛋鸡在产蛋期间最适宜的光照度为 10~20 lx，采用人工光照灯的高度为距地面 2 m，多层笼养蛋鸡舍灯头上最好设置灯罩，使聚集的光线朝下照射，尽可能不让光线直接照到上层鸡笼。

（3）饲养密度。饲养密度与饲养方式有着密切的关系，不同饲养方式的单位建筑面积养鸡数要求不同。饲养密度以平养最小，以笼养最大。产蛋鸡的饲养密度直接影响采食、饮水、活动、休息以及产蛋量，必须保证合理的密度。产蛋鸡适宜的密度见表 7-5 和表 7-6。

表 7–5 笼养产蛋鸡的饲养密度

品种	需要的空间（米^2/只）	饲养只数（只/米^2）
轻型蛋鸡	0.038 0	26
中型蛋鸡	0.048 1	21

表 7–6 不同饲养方式产蛋鸡的饲养密度

饲养方式	轻型鸡	中型鸡
	需要的空间（米^2/只）	需要的空间（米^2/只）
厚垫料	0.16	0.19
60%网面+40%垫料	0.14	0.16
网上平养	0.09	0.11

2. 产蛋鸡的季节管理

（1）春季。春季气温逐渐升高，日照时间也逐渐延长，是鸡在一年内产蛋率最高的季节，也是孵化、育雏的好季节。此时，应注意提高蛋鸡日粮中蛋白质、维生素和矿物质的含量，以满足产蛋需要。为防止产软壳蛋，在鸡的产蛋高峰期，应在日粮中补充贝壳粉、螺蛳壳粉、石灰石等，使其占日粮的 5%～7%，也可另设矿物质槽，由鸡自由采食。

春季也是病原微生物繁殖的季节，所以春季要加强消毒防疫工作，防止舍内潮湿，保持舍内通风良好，同时加强鸡场内的绿化。

（2）夏季。夏季气温高，日照时间长，鸡只食欲减少，采食量开始下降。管理的重点是防暑降温、减少热应激以及增加采食量，主要措施是加强通风换气。开放式鸡舍可以昼夜将窗户打开，密闭式鸡舍控制通风量大约为冬季的 4 倍。在不影响通风的前提下，在鸡舍和运动场周围植树或搭建凉棚。要保持充足饮水，适当降低日粮能量水平，可加喂一些青绿饲料。如天气多雨潮湿，应注意保持干燥，特别是产蛋箱内的干燥，还要勤换垫料。

（3）秋季。秋季日照时间逐渐缩短，天气逐渐凉爽，鸡群产蛋一年开始休产和换羽。因此，此期的管理重点是调整鸡群，淘汰不产蛋鸡和早期换羽的低产鸡；保证光照时间，进入产蛋后期的鸡可以增加光照时间，但每天不能超过 17 h。秋季空气干燥，温度变化大，易发生呼吸道和肠道疾病，应加强预防。

（4）冬季。冬季气温低，日照时间短，此期的管理重点是防寒保暖。增加舍内温度的同时要注意通风换气，通风要防止贼风，防止风直接吹到鸡的身体。冬季舍内外温差大，开关门窗要注意保持舍内温度稳定，有条件的可加设取暖设备。日粮能量水平应适当提高，尽量让鸡饮用温水。

3. 拣蛋

应根据产蛋时间和产蛋量及时拣蛋，一般每天应拣蛋 3 次。每天上午两次、下午一次。拣蛋时动作要轻，以减少破损率。拣蛋的同时要把破蛋、畸形蛋、软蛋、过大蛋或过小蛋随时拣出。

4. 观察鸡群

清晨开灯后，观察鸡的状况和粪便状态，挑出病死鸡，及时交给兽医人员处理；在喂料给水时，查看鸡的采食和饮水情况，挑出不采食的鸡；及时挑出有啄癖、脱肛、开产过迟以及开产不久就换羽的鸡。

5. 保证鸡群安静，减少各种应激反应

产蛋鸡对环境的变化非常敏感，尤其是轻型鸡。任何环境条件的突然改变都能引起强烈的应激反应，如高声叫喊、车辆鸣笛、燃

放鞭炮、抓鸡转群、免疫、断喙、光照改变、新奇的颜色等都能引起鸡群的惊恐而发生强烈的应激反应。产蛋鸡的应激反应，表现为突然食欲不振、产蛋量下降、产软蛋等，有时还会引起一些疾病，严重时可导致内脏出血而死亡。因此，必须尽可能减少应激，给鸡群创造良好的生产环境。

6. 及时挑出低产和停产鸡

挑选出低产鸡和停产鸡是鸡群日常管理工作中的一项重要内容。它不仅能节约饲料、降低成本，还能提高笼位的利用率。产蛋鸡与停产鸡、高产鸡与低产鸡的区别见表 7–7 和表 7–8。

表 7–7　产蛋鸡与停产鸡的区别

项目	产蛋鸡	停产鸡
冠和肉垂	大而鲜红，丰满，温暖	小而皱缩，色淡或暗红色，干燥
眼睛	眼睛大而明亮，很有活力	没有活力
羽毛	未换羽	已换羽或正在换羽
肛门	大而丰满，湿润，呈椭圆形	小而皱缩，干燥，呈圆形
皮肤	皮肤柔软细嫩	皮肤硬而无弹性
耻骨	耻骨薄而有弹性	耻骨硬而无弹性
腹部容积	大	小
色素	肛门、喙、胫已褪色	肛门、喙、胫为黄色

表 7–8　高产鸡与低产鸡的区别

项目	高产鸡	低产鸡
头部	大小适中	粗大，面部有较多脂肪，头过长或过短
喙	稍粗短，略弯曲	细长无力或过于弯曲，形似鹰嘴

续表

项目	高产鸡	低产鸡
冠和肉垂	大，细致，红润，温暖	小，粗糙，苍白，发凉
胸部	宽而深，向前突出，胸骨长而直	发育欠佳，胸骨短而弯曲
体躯	背长而平，腰宽，腹部容积大	背短，腰窄，腹部容积小
皮肤	柔软，有弹性，稍薄	厚而粗，脂肪过多，发紧发硬
耻骨间距	大，可容 3 指以上	小，3 指以下
换羽	换羽开始迟，持续时间短	换羽开始早，持续时间长
性情	活泼而不野，易管理	动作迟缓或过野，不易管理
羽毛	陈旧	整齐清洁
觅食力	强，嗉囊经常饱满	弱，嗉囊不饱满

7. 卫生防疫

饮水、喂料用具以及其他用具要经常刷洗和消毒。搞好鸡舍内部及周围的环境卫生，及时清除粪便，使鸡群有一个卫生的环境，从而充分发挥产蛋性能。整个产蛋期，每 3~4 周进行药物预防一次，每周进行 2 次带鸡消毒。做好免疫接种工作，入冬前加强免疫接种一次新城疫和禽流感疫苗。

8. 做好记录

每天对鸡群的死亡数、产蛋数、产蛋量、蛋重、耗料、舍温、饮水等实际情况进行记录。也可以通过每批鸡生产情况的汇总，绘制成图表，与以往生产情况进行对比，找到生产中的问题，在以后的生产中避免出现同样的问题。蛋鸡生产日报表见表 7-9。

表 7–9 蛋鸡生产日报表

日期	日龄（天）	存栏（只）	死淘（只）		产蛋数（枚）			产蛋率（%）	产蛋量（kg）	耗料量（kg）	备注
			淘汰	死亡	完好	破损	小计				

知识链接

胫长对蛋鸡的影响

胫骨就是小腿骨，胫长就是鸡小腿骨的长度。鸡达不到标准胫长是因为前期增重不够，12 周以后骨架发育基本完成，后期体重虽然达到标准但其实是鸡长胖了；鸡胫长超标是因为骨架发育过大，以致后期产蛋期间需要更多饲料以维持较大体形的能量消耗。

1. 鸡的产道是由两个耻骨组成的，胫长不达标则表明耻骨发育不好，组成的产道窄，鸡产蛋的时候便会增加腹内压，容易引起脱肛。

2. 鸡的骨骼发育不好，特别是胫骨发育不好，其储备的钙量就少，当夜间形成蛋壳时，因为钙不足，所产蛋壳质量就差。

第8单元

肉鸡的饲养管理技术

模块1　肉用仔鸡饲养管理技术

一、肉用仔鸡的生产特点

1. 生长速度快

肉用仔鸡刚出壳体重只有40 g左右，在正常饲养管理条件下，饲养6~7周龄时公母鸡平均体重可达2 500 g以上，约是出生体重的60倍。

2. 饲料转化率高

肉用仔鸡食欲强，食量大，对饲粮的消化吸收率高，在所有肉用鸡中，肉用仔鸡的饲料转化率是最高的。加上现代饲料配合技术和饲养管理技术的提高等综合因素的影响，肉用仔鸡的饲料转化率可以达到很高的水平。一般肉用仔鸡6周龄时，料重比为1.75：1~1.8：1。

3. 生长周期短、周转快

肉用仔鸡一般7~8周龄可达到出售体重，第一批肉鸡出栏后鸡舍经清扫、冲刷、消毒等，空闲2周时间左右，即可饲养下一批肉仔鸡，一栋鸡舍一年可养 5 批鸡。在良好的饲养管理条件下，生产周期还可以进一步缩短。

4. 饲养密度大，劳动效率高

肉用仔鸡性情温顺、安静，容易管理，特别是饲养后期更不爱活动，适合大群高密度饲养。地面平养时，体重 2~2.5 kg 的肉鸡可饲养 9~11 只/米^2；网上平养，一般可饲养 10~20 只/米^2；笼养则可达 20~30 只/米^2。比同等体重、相同饲养方式的蛋鸡，饲养密度要高很多。我国目前在一般饲养条件下，地面平养，每人可养 3 000 只左右，机械化饲养可养 2 万只左右。

5. 对饲料营养及环境要求高

由于快大型肉用仔鸡生长快，代谢旺盛，饲养密度大，因此对饲料营养及环境的要求比其他鸡高。

6. 肉用仔鸡腿部疾病较多，胸囊肿、腹水症发病率比较高

腿病、胸囊肿和腹水症是世界公认的肉用仔鸡三大生产病。这是由肉用仔鸡早期肌肉生长快，而骨骼组织发育相对比较慢，加上体重大、活动量少等特性而引起的。生产病不是传染病，不直接影响肉用仔鸡的生长速度，但会影响肉鸡屠体的等级和商品价值，从而间接地影响肉仔鸡的健康和经济效益。

7. 生产效益高、收益大

肉用仔鸡的饲养密度大，管理方便，适宜规模饲养，可大大提高生产效率。采用人工操作饲养，每人每批可饲养肉鸡 2 000 只，一年连续饲养 5~6 批，可生产肉用仔鸡近万只。每只盈利 1 元左右，其经济收益是很可观的。如有条件实现肉鸡粪喂猪，猪粪喂鱼的良性生态循环，其收益将会更大。

二、肉用仔鸡生产前的准备

1. 饲养品种的选择

选择好的肉仔鸡品种及饲养方式是饲养肉仔鸡的关键。各地区应根据本地区的实际情况、气候及市场状况确定饲养品种，切不可盲目追求生产力，忽视其他因素的制约。首先，应选择有较高生产性能的品种，其中生长速度、饲料转化率、成活率是选择的重点。与此同时还要综合考虑饲养户的反映和实际饲养效果。其次，选择时要看鸡种来源是否有保证，鸡群是否健康，运输是否方便，防疫是否到位，所选择的鸡种与市场需求是否对路等。就目前实际情况来看，白羽肉鸡在当代世界肉鸡业中占绝对优势。艾维茵、爱拔益加（AA）、罗曼、星布罗等白羽肉鸡品种（如图 8-1 所示），在我国各地区生产性能表现较好，而且饲养量大。

图 8-1　白羽肉鸡

2. 饲养方式的选择

肉用仔鸡常用的饲养方式有以下几种，各地区可以根据实际情况，选出适合的饲养的方式（见表 8-1）。

表 8-1　　　　　　肉用仔鸡常用的饲养方式

饲养方式	基本情况	优点	缺点
地面平养	地面平养是普遍采用的一种饲养方式，可利用普通房舍或农家的杂屋。垫料要求松软，吸湿性强，不发霉，不过硬，常用垫料有刨花、锯末、稻草或玉米秸等。垫料厚度为 30 cm 左右，并按垫料的脏污和潮湿程度逐层减去或及时更换	简便易行，投资少，胸囊肿发病率较低	容易感染疾病，不卫生
网上平养	将鸡群饲养在舍内高出地面 50~80 cm 的网面上平养。一般是在用钢筋支撑的金属地板网上再铺一层弹性塑料网，如果是在农村也可用毛竹片或木条制成条缝板来饲养	鸡与粪便接触的少，有利于防止疾病感染，有利于提高鸡粪的利用价值，成活率较高	投资比较大，鸡胸囊肿发生率比较高，由于不接触地面，容易缺乏维生素和微量元素
笼养	有的采用金属制成，有的采用塑料制成；有的采用重叠式，有的采用阶梯式。但在我国，肉用仔鸡笼养不太普遍	饲养密度增加，球虫病发生率降低，便于公母分群饲养，提高劳动生产率，节省饲料	设备投资高，生产运行费用多
笼养与散养相结合	前 3 周采用笼养，3 周龄后改为地面平养	不易发生胸囊肿，有利于雏鸡安全度过疾病高峰期，饲养效果较好	需要转群，增加了工作量，对生长速度有一定影响

3. 鸡舍的准备

房舍要求保温性能好，不漏雨，不透风，能保持空气流通，但不能影响室温。对房舍要做全面检查、整修和清理并进行消毒。尽最大可能消除上一批肉鸡遗留下的细菌、病毒等。鸡舍的消毒不在于次数，而在于消毒的质量。

4. 设备和用具的准备

保温设备的正常运转是育雏成功的关键，初生雏鸡体温调节能力差，对环境温度的变化非常敏感，因此在有条件的情况下应将热风炉等现代化的保温设备作为首选应用于鸡舍内。同时还要查看照明设备、通风设备、清粪设备、采食饮水设备等是否能正常运行，清扫用具、消毒用具等是否准备就绪。进鸡前要做好各种设备的冲洗、消毒等工作，冲洗、消毒要彻底，不留死角，避免交叉感染。具体使用的设备和用具可参考第 3 单元相关内容。

5. 饲料和药品的准备

进雏前，可按照雏鸡的营养需要自行配制饲粮，也可根据肉料比计算出一批鸡的全程耗料量，分批采购或一次性采购。肉用仔鸡的饲料多数都用颗粒料，少数用粉料。肉鸡饲料一般分为前期料、中期料、后期料，前期料应在 0~3 周龄时使用，中期料在 3~6 周龄时使用，后期料在 7 周龄至出栏时使用。三个阶段的饲料营养水平有较大差别。具体营养要求可参考第 6 单元相关内容。

小知识

颗粒饲料能减少粉尘，能避免造成鸡摄入营养不均衡而导致营养缺乏的情况，也能节约饲料、提高利用率，但成本高。

准备好常用药物及保健性药品，保健性药品主要包括预防用药

（含消毒药）和营养性添加剂。同时要备好鸡发病时用于快速治疗的药物，但要防止药物残留，确保肉鸡产品质量安全。常用的有磺胺类药物和抗生素，以及氨基酸、微量元素、维生素等营养性添加剂和喉炎宁、氟哌酸、吡哌酸等快速治疗药，对预防雏鸡慢性呼吸道疾病、鸡白痢、鸡肠炎等具有良好的效果。

提示

目前市场上有很多种肉鸡常用药品、保健药品和快速治疗药品，可根据实际需要来选购。

6. 饲养员的准备

饲养员应具备相应的专业基础知识并具有责任心，最好能够执行培训上岗制度。

7. 预热升温

按饲养计划在进雏前一天，对育雏舍进行升温预热，检查供热是否有效，室温和育雏器温度能否达到育雏要求。

三、肉用仔鸡的饲养

1. 雏鸡的选择

雏鸡的质量能直接影响全期的饲养效益。没有质量优良的鸡苗，即使饲养管理条件再好也很难实现良好的生产水平。因此，为了提高育雏成活率，必须把好雏鸡的质量关，严格挑选，以确保雏鸡健康。一般通过看、摸、听的方法来鉴别雏鸡的优劣强弱。

健康雏鸡选择的标准如下。

（1）雏鸡种源可靠，没有垂直传播的疫病。

（2）雏鸡精神状态较好，眼大而有神。

（3）雏鸡羽毛丰满整洁，有光泽且长短正常。

（4）雏鸡脐部闭合良好，没有炎症，腹部被绒毛覆盖。

（5）雏鸡喙、腿、翅、趾等无残缺，动作灵活。

（6）雏鸡肛门清洁，无污物。

（7）雏鸡丰满，体重适中，挣扎有力，腹部柔软，大小适中。

（8）雏鸡站立稳健，叫声洪亮，对光和声音反应敏捷。

2. 饮水

水是一种非常容易被忽略但对维持肉鸡生命来说又极其重要的营养物质。雏鸡体内水分占体重的 75%~85%，随着生长水分含量逐渐减少，成年鸡体内的水分约为 55%。在通常情况下肉用仔鸡的饮水量是采食量的 1.5~2 倍。鸡群饮水量的变化是反映管理水平、饲料营养以及疫病的灵敏指标。在发生应激或疫病的情况下，饮水量的变化往往比采食量的变化提前 1~2 天，因此，养殖户也可在鸡舍外安装水表，通过每天观察鸡群饮水量来尽早发现问题，以减少损失。

（1）初饮。雏鸡进入育雏舍后，应让其休息半小时左右，熟悉周围的环境，等到一部分雏鸡开始自由活动时即可给予清洁温热的饮水。但若经过长途运输，到舍后应立刻给予饮水。饮水中应添加 3%~5% 的葡萄糖或电解质营养液等，并连用 3~5 天，这样可以增强雏鸡的体质并降低死亡率。1~7 日龄雏鸡最好饮用与室温大致相同的温水。首次饮水应注意防止雏鸡暴饮。

小知识

电解质营养液又叫口服补液盐，可用食盐 3.5 g，碳酸氢钠 2.5 g，氯化钾 1.5 g，葡萄糖 20 g，溶于 1 000 mL 水中制成。

（2）日常饮水中应注意的问题

1）饮用的水要干净，无杂质，无污染。

2）应保证足够的饮水器或水槽，以便所有的鸡都能及时饮到水。使用条形水槽，应保证每只鸡有 2 cm 宽的饮水位置。使用真空饮水器时，每 1 000 只鸡需要 15 个雏鸡饮水器，3 周龄后更换为4 L 的饮水器。使用乳头式供水系统，应保证每个乳头能够供给 10~15 只鸡使用，而且一定要保证设备处于完好状态，随时检查设备出水情况，以免乳头装置堵塞，鸡群缺水。

3）饮水器应放置于喂料器与热源之间，并距离喂料器近一些。

4）按时洗刷饮水器，并定期消毒。饮水器应随脏随洗，一周至少消毒一次。

5）应及时调整饮水器的高度，使饮水器上缘略高于鸡背。

6）开始饮水后，除了使用疫苗或药物时应按要求控水外，一般不能中断供水，需让鸡可以自由饮水。

3. 喂料

（1）开食。雏鸡第一次吃食称为开食。一般在雏鸡饮水 2 h 后 30%的雏鸡开始随意活动，并有啄食表现时开食。开食的料要用优质新鲜的肉用仔鸡雏鸡全价料，营养要丰富，颗粒大小要适中，以易于啄和消化吸收。开食时可以使用开食盘或浅边食槽，最简单的方法是用硬纸片或塑料布平铺在鸡架或鸡笼内，在上面撒上饲料，当有一只鸡开始啄食时，其他鸡也随之模仿啄食。每次给料不可太多，应少给勤添，这样既避免浪费，又避免雏鸡挑食而造成体内营养物质不平衡。一般雏鸡在 1~2 天都能学会采食，只有因长途运输而出现脱水的雏鸡不吃不喝，需要人工调教。

有些养殖户习惯用玉米屑、小米、碎米等来开食，这样会导致饲料营养单一，能量和蛋白质水平都很低而不利于雏鸡的生长发育，饲养效果不明显。

（2）日常饲喂

1）开食后 2~3 天应改用喂料器，更换喂料器时应采用逐渐过渡的方法。

2）不管使用什么样的喂料器，都应随时清理料盘中的粪便和垫料，以免影响雏鸡的采食、增重和健康。

3）根据雏鸡采食量的增加慢慢调整料线或喂料器的高度，这样有助于减少饲料的浪费，减少料盘内的垫料和粪便。

4）应少给勤添，料盘中的料量以料盘容积的 1/4 为宜。若一次性添加过多，不但会造成饲料的浪费，有时也会导致溢出饲料的污染，进而引起肉仔鸡患病，死淘率增加。

5）实践证明，每天开灯后和关灯前鸡只采食活动最为活跃，因此应保证开灯后和关灯前饲喂器中饲料的量。

6）饲料的更换要有过渡期，以免突然换料所带来的应激反应。

四、肉用仔鸡的管理

肉用仔鸡生长速度快，对环境的要求比较高，要想获得较高的生产水平，就必须严格把握好日常管理。

1. 温度

环境温度直接影响肉仔鸡的体温调节、采食、饮水、活动、休息、饲料的消化吸收及剩余卵黄的吸收。

（1）温度不适对肉鸡的影响。温度过高导致肉鸡食欲降低，采食减少，影响增重；导致雏鸡高强度呼吸，易引起呼吸道疾病，采食减少，饮水增多，也易引起下痢。

温度过低导致雏鸡采食、饮水都减少，影响生长发育，不利于剩余卵黄的吸收，易感冒，也会诱发雏鸡白痢；雏鸡拥挤扎堆，引起挤压死亡，饲料报酬降低。

（2）适宜环境温度的掌握。肉鸡有 1/3 的时间需要供暖，第一周以 32~35 ℃为宜，尤其是在 1 日龄时必须把好温度关。第四周时可将温度降低到 20~25 ℃，在出栏之前温度一直保持 20~25 ℃对肉鸡的生长和饲料报酬是有利的。因此，肉鸡饲养的适宜环境温度应达到下列要求（见表 8-2）。

表 8-2　　饲养肉仔鸡适宜的环境温度

周龄（周）	1		2	3	4	5	6
	1~3 天	4~7 天					
育雏器温度（℃）	35~32	32~31	30~29	28~26	25~20	25~20	25~20
育雏舍温度（℃）	24~23	24~23	22~21	20~18	18	18	18
极限高温（℃）	37	35	34	33	31	30	29
极限低温（℃）	21	20	17	14	12	10	7

注：育雏器温度是指距离热源 50 cm，与雏鸡脊背等高处的温度；育雏舍温度是指远离热源和靠近门窗处的温度。极限高温是指育雏器温度，极限低温是指育雏舍温度。

通常情况下，在育雏过程中不能把温度达到数据要求作为目标，而是要通过观察鸡群本身的表现来判断温度是否适宜，并进行及时调节。如果鸡群精神活泼，活动自如，食欲好，饮水适度，羽毛整齐有光泽，吃饱后整齐平静地躺着，呼吸平稳，睡姿舒展或整个鸡舍内鸡群分布较均匀，说明温度适宜；如果鸡群远离热源，常展翅站立，伸颈张口喘气，食欲不好，大量饮水，说明温度过高；如果鸡群都靠近热源，拥挤扎堆，绒毛耸立，身体团缩、颤抖，食欲和饮水都不好且常发出“唧唧”的叫声，说明温度过低。不同育雏温度条件下鸡群的行为如图 8-2 所示。当鸡群发生应激反应或气温突然下降时，可将温度适当提高 1~2 ℃。温度计的数量要充足，测温位置一般选在距离墙壁 1 m 与距离床面 5~10 cm 交叉处。

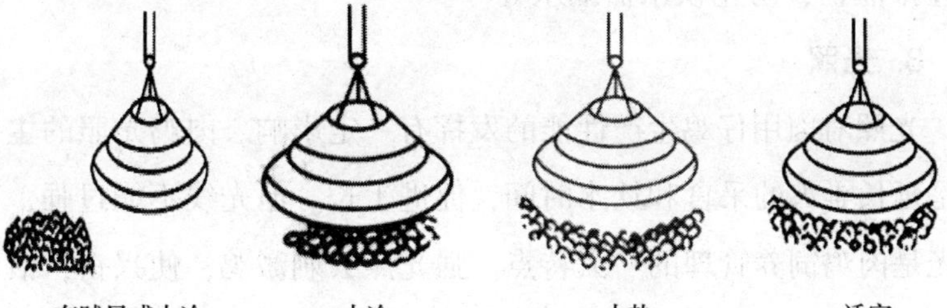

图 8-2　不同育雏温度条件下鸡群的行为

2. 湿度

湿度对肉鸡生产性能的影响虽然没有温度那么大，但如果湿度控制不当也会对鸡的生长和健康产生影响。

鸡舍湿度过大时，空气中氧气的浓度下降，鸡群会感到闷热，同时，湿度过大霉菌和球虫生长繁殖速度加快，会对鸡的健康构成威胁。而鸡舍湿度过低，舍内空气过于干燥时，灰尘容易飞扬，鸡容易得呼吸道疾病；引起鸡饮水增多而发生腹泻等消化道疾病，容易导致脱水，使鸡的脚趾干瘪，羽毛焦脆。

根据肉鸡的日龄，鸡舍湿度分两个阶段进行控制：

（1）10 日龄前。鸡舍的相对湿度应达到 65%～70%，其中雏鸡入舍的 1～2 天应保持在 70%左右。10 日龄前的鸡，体重小，排泄物少，鸡舍内往往过于干燥，容易发生低湿的不良影响。常用的增加湿度的方法是：在室内地面勤洒水或挂湿帘，如果是用火炉取暖，火炉上可放置水盘等。

（2）10 日龄后。一般要求鸡舍湿度达到 50%～60%。随着鸡的成长，排泄物增多，鸡舍内往往会比较潮湿，容易发生高湿不良影响。降低湿度的方法有：加强通风，及时更换潮湿结块垫料，及时清理排泄物，防止饮水器漏水等。

3. 光照

光照对肉用仔鸡生产性能的发挥有一定影响。肉鸡光照的主要目的是延长雏鸡的采食和饮水时间，促进生长。但光线不能过强，采用弱光是肉鸡饲养管理的一大特点。强光照会刺激鸡，使兴奋，活动量增加，消耗过多，使鸡不安，甚至发生啄斗，进而影响增重。而合理的光照有利于肉用仔鸡增重，还可节省照明费用，便于饲养员的工作。

光照有连续光照、间歇光照和混合光照三种方法。

（1）连续光照。连续光照主要是指 24 h 连续光照或 23 h 连续光照、1 h 黑暗的光照方法。1 h 黑暗主要是为了让鸡适应黑暗的环境，以免光照出现故障时鸡群发生惊慌，造成鸡群拥挤，某些鸡只窒息死亡。

（2）间歇光照。间歇光照是指光照黑暗交替进行。例如，3 h 黑暗、2 h 光照交替进行。试验证明，饲养肉鸡采用间歇光不仅能提高饲料利用率，也可省电，且饲养效果更佳。短时间的光照供鸡采食、饮水，继之较长时间的黑暗，以供鸡休息和消化，从而提高饲料利用率。但应注意的是光照与黑暗应规律化、制度化，否则会引起肉鸡生理节律的变化，影响生长和饲料报酬。

(3) 混合光照。混合光照是指将连续光照和间歇光照混合应用的方法。

4. 通风换气

肉鸡饲养密度大，生长速度快，代谢旺盛，随着体重的增加，二氧化碳的呼出量比较多，同时，雏鸡排出的粪便与舍内潮气相混合，会使舍内产生大量的氨气和硫化氢等有害气体，极易造成舍内空气污浊，影响鸡的健康和生长发育。因此，加强舍内通风，保持空气的新鲜是非常重要的。另外，若用火炉取暖，当产生的一氧化碳浓度超过 0.04%~0.05%时，鸡会出现一氧化碳中毒症状。

肉鸡通风换气的要点有以下几方面。

(1) 第 1~2 周龄，以保温为主，适当通风，育雏舍内保持一定的进风口，但要防止冷空气直接吹袭到雏鸡身上。

(2) 从 3 周龄开始增加通风量和通风时间。特别是夏季，通风可增加舍内氧气量，降低舍温，提高采食量，促进生长。

(3) 在冬季应利用中午的时间来通风换气，关闭阴面窗口，打开阳面窗口。冬天氨气浓度过高时，可先提高舍温，再进行通风。

(4) 炎热的夏季可安装风扇等辅助设备，加强通风。必要时可采取喷水方法降温，以免鸡只中暑。

5. 饲养密度

饲养密度是指单位面积饲养鸡的数量或承载的体重。饲养密度是否适宜，对能否养好肉鸡和充分利用鸡舍面积有很大的关系。饲养密度过大，会引起雏鸡活动受阻，空气污浊，舍内的有害气体增加，发病率和死亡率提高；同时引起鸡群吃料拥挤，抢水抢料，饥饱不均，引起生长不齐，影响生长发育。若饲养密度过小，虽然对肉用仔鸡的增重效果比较好，但不易保温，还会造成人力物力浪费，房舍利用率降低，增加鸡的维持消耗，饲养成本将增加。

一般网上饲养比地面垫料饲养密度要高一些，若通风条件好，饲养密度可高一些，寒冬季节比温暖季节饲养密度要高些（见表8-3）。

表8-3　肉用仔鸡饲养密度

体重（千克/只）	厚垫料饲养（只/米²）	竹竿网养（只/米²）	塑料网养（只/米²）
1.4	14	17	16
1.8	11	14	15
2.3	9	10.5	14
2.7	7.5	9	12
3.2	6.5	8	9

6. 加强管理

（1）加强管理，减少肉鸡生产病的发生

1）胸囊肿的发生及预防措施。肉鸡胸囊肿是肉鸡胸部皮下发生的局部炎症。它虽然不影响肉鸡生长也不具传染性，但会影响肉鸡屠体的商品价值和等级，造成一定的经济损失。胸囊肿的发生主要原因是肉鸡生长速度快、体重大，采食速度快，吃饱后总是卧地休息，因而导致肉鸡龙骨外皮层长时间与地面摩擦和挤压而引起。

预防措施有：加强垫料管理，防止垫料潮湿板结，保持垫料松软干燥并保证一定厚度；若使用网上平养最好采用塑料或木质网，不采用金属网面，尤其是饲养后期要适当促进肉鸡的运动，减少鸡在地面的伏卧时间。

2）腹水症的发生及预防措施。肉鸡腹水症最早从 2 周龄开始发生，4 周龄后多发。它虽然不是一种传染病，但也会影响肉鸡屠体商品价值。腹水症发生的主要原因是肉鸡由于遗传原因，血气屏障较厚，影响气体之间的交换，容易出现缺氧。稍大的肉鸡发生腹水症也与硒和维生素 E 缺乏有关。另外，饲料中长期过量使用呋喃唑酮等抗菌药物，也会引起腹水症的大量发生。

预防措施有：改善环境通风条件；饲粮中硒含量不应低于 0.2 mg/kg，适当添加维生素 E，早期发现腹水症可向饲粮中添加 0.05%的维生素 C；不可长期使用呋喃唑酮。

3）腿病的发生及预防措施。引起肉鸡腿病的原因有很多种，但主要原因是肉鸡早期生长速度过快而引起骨骼的生长与肌肉的生长速度不一致，二者处于不平衡状态。

预防措施有：加强营养，饲粮中的能量蛋白质水平要平衡，钙、磷含量和比例应适宜；保持鸡舍清洁干燥，加强垫料管理。

（2）加强管理，建立完善的防疫制度

1）鸡舍在进雏之前一定要彻底清扫和消毒，进雏后也要定期消毒，一般冬季每周一次，夏季每周两次；对鸡舍的周围也要定期消毒，一般每个季度消毒一次；另外也要定期进行饮水消毒，消毒时要避开鸡的防疫，一般防疫前后 2 天不得进行消毒，否则会影响防疫效果。

2）要根据鸡的免疫状况和当地传染病的流行特点，再结合各种疫苗的使用时间，编制防疫制度并严格执行。

3）为了有效加强卫生防疫管理，鸡场要严格执行隔离制度，确保不受污染。

4）鸡场内除了饲养员外，其他人员不得随意进出。场内饲养员之间也严禁互相走动。

5）对病死鸡要及时有效地进行处理，如深埋、焚烧等。

（3）加强管理，预防应激，密切观察鸡群。肉鸡在生产过程中，容易产生应激反应，如免疫、分群、更换饲料时等，最终会导致鸡的采食量下降，生长速度减慢，严重时可引起鸡只成批死亡，造成严重的经济损失。

提示

实际生产中要避免两种易导致应激的因素一起产生，如免疫和分群不能同时进行。

除此之外，一定要注意观察鸡群状况，例如，对鸡群的饮水、采食、呼吸、行走及粪便颜色进行观察等。通过观察，能直接看出鸡群的健康状况，以便及时发现问题并采取有效的应对措施。

1）对精神行为状况的观察。注意观察鸡群的活动、叫声及休息状态是否正常，对刺激的反应是否敏捷，分布是否均匀，有无呆立、扎堆、羽毛蓬乱、翅膀下垂、闭目无神、采食及饮水不积极的现象。健康的鸡群活动自如，眼睛有神，对外界刺激比较敏感，无论采食、饮水或睡觉都表现得很正常。

2）对舍内环境条件的观察。每天至少检查鸡舍环境 4~6 次。尤其关注不同季节交替时昼夜环境的变化，若舍内环境条件不适宜，应及时采取措施控制温度、湿度、光照、通风以及饲养密度，使舍内环境适合鸡群的生长。

3）对粪便状况的观察。正常鸡群的粪便为青灰色，表面有少量的尿酸盐。带血粪便多见于球虫病、出血性肠炎等，绿色粪便多见于新城疫、马立克氏病、急性禽霍乱等，白色水样下痢多为感染传染性法氏囊病等。总之，粪便能比较清楚地说明鸡群中潜在的疾病情况。

4）对呼吸状况的观察。对呼吸状况的观察应在夜间进行，观察时关闭舍内灯光，待鸡安静后或睡眠后倾听鸡群内有无异常呼吸声。以便尽早发现疾病，从而避免过大的损失。

（4）加强管理，做好日常记录。要正确详实地做好记录，这样就能比较清楚地把握鸡群的生长状况，也便于日后总结经验，改进工作。

1）每天早晨或下午定时记录舍内温湿度等环境条件。

2）每天晚上记录实际存栏数、耗料量、死淘数及死淘鸡的症状和剖检所见病理变化。

3）记录体重测量及饲料更换情况。

4）记录好每次的消毒、免疫及用药情况。

5）记录特殊事故发生、汇报及解决情况。

（5）加强管理，做好肉鸡出栏前的管理。肉鸡出栏前应及时停料。如果停料时间过长会使肉鸡失重过多，停料时间过短会使产品受到污染。因此，一般宰前 8~10 h 停料或运输前 6~8 h 停料。

肉鸡出栏应注意的问题如下。

1）肉鸡出栏时停料不停水。

2）捉鸡要在光线较暗时进行，以免惊群。

3）捉鸡最好先把鸡栏分成小块隔离好，以免有的鸡只被压伤、压死。

4）捉鸡要抓鸡脚，不得抓翅膀，以免翅膀骨折或瘀血。

5）夏季捉鸡应在早晚凉爽时进行，冬季应在中午暖和时进行。

6）装车后应注意通风。

五、提高肉鸡生产效率的措施

1. 采取“全进全出”的饲养制度

“全进全出”饲养制度是指同一鸡舍或同一场区内只进同一批日龄相同的鸡，饲养相同日龄后同一时间全部出栏的管理制度。其最大的特点是便于管理，可使用统一饲养标准，而且每批鸡出栏后方便进行鸡舍彻底打扫、清洗、消毒，切断病原的循环感染。消毒后密闭一段时间，再接着饲养下一批鸡。

“全进全出”饲养制度是现代肉鸡生产必须做到的一点，是保证鸡群健康、根除病原的最有效措施。“全进全出”饲养制度能保证加快肉鸡生长速度、提高饲料报酬和成活率。

2. 公母鸡分群饲养

由于公母鸡性别不同，其生理基础代谢不同，因而对营养要求和环境条件的要求及反应也有所差异，主要表现为生长速度、沉积脂肪能力和羽毛生长速度等多方面。一般公鸡生长快，母鸡相对较慢；公鸡对蛋白质的要求比母鸡高，母鸡需要的能量较公鸡多；公鸡对温度的变化比母鸡敏感；公鸡体重大容易患胸、腿疾病等。因此，饲养管理中公母鸡分群饲养可达到最大的经济效益。公母分群饲养在国外已广泛推行，目前在我国只有大型的肉鸡场才开始采用。

公母鸡分群饲养的主要措施如下。

（1）按公母鸡分别调配日粮营养水平，公鸡能更有效地利用高蛋白日粮，因此公鸡前期（0~3 周龄）日粮中蛋白质水平可提高到 25%。而母鸡对高蛋白日粮利用率低，多余的蛋白质转化为脂肪沉积，因此应将母鸡饲料蛋白质调整为 18%~19%。

（2）按公母鸡分别提供适宜的环境条件，公鸡前期（0~3 周龄）环境温度应比母鸡高 1~2 ℃，后期（6~8 周龄）低 1~2 ℃。

（3）按公母鸡体重增长情况制定出栏时间。一般公鸡 9 周龄、母鸡 7 周龄后体重增长速度下降。公鸡 9 周龄时料重比为 2.06∶1，母鸡 7 周龄时料重比为 1.95∶1，如果继续饲养，成本将会加大，饲养报酬降低，因此，应按经济效益原则分群出栏。

3. 加强早期饲养，提高肉鸡的采食量

肉用仔鸡早期生长发育快，各种组织器官也处于不断成熟阶段，因此加强早期饲养尤为重要。肉鸡从开食到出栏，若总采食量低，体重就会轻，后期即使进行补偿，体重也始终赶不上早期加强饲养的鸡。除此之外，肉鸡饲养的全程应采取自由采食饲喂方式，不加限制，并且要采取适当措施，创造条件，设法让鸡多采食。肉鸡只有吃饱，满足营养需要，才能实现生长快、饲料报酬高、经济效益高的目标。正常情况下，肉用仔鸡 0~21 天约耗料 0.9 kg，22~42 天约耗料 2.5 kg，43~56 天约耗料 2.6 kg。

提高肉鸡采食量的措施如下。

（1）少给勤添，一般白天喂 5~6 次，夜间喂 2 次。

（2）因肉鸡在饲养后期比较懒惰，所以要注意增加趟群和拌料次数来促使肉鸡吃料、饮水。

小知识

趟群是指在鸡群内慢慢走动并驱赶鸡只。

（3）控制好环境温度，在炎热的夏季可以在早晚凉爽时候加强饲喂。

（4）要注意饲料的适口性问题。

（5）有条件的可使用颗粒饲料。

4. 颗粒饲料的使用

对肉鸡使用全价颗粒饲料的优点：营养全价，适口性好，容易消化吸收，饲料浪费少，有害微生物少，可增加肉鸡的采食量。

5. 适时出栏

正常情况下，在肉鸡体重符合市场要求的时候就可出栏。一般6~8周龄为最佳出栏日龄。确定最佳出栏日龄应考虑肉鸡的生长规律、饲料报酬变化规律、疾病风险等方面。

一般快大型肉鸡公鸡生长高峰期在9周龄，母鸡生长高峰期在7周龄，公母混群饲养在8周龄。肉鸡达到生长高峰期后再延长饲养，不但饲料报酬会急剧下降，感染疾病的风险也会增加，因此肉鸡最佳出栏日龄应不超过上述时间。

模块2 优质肉鸡饲养管理技术

由于我国各地区消费习惯不同，对优质肉鸡的要求也不同，因此，优质肉鸡的定义还没完全确定，但形成的共识是：优质肉鸡必须为黄羽或黄麻羽鸡，并含有较多的土种鸡血统。优质肉鸡的肉质与快大型肉鸡相比具有味道浓郁、肉味鲜美、肉质细嫩滑软、肌间脂肪分布均匀、肌纤维细腻和营养丰富等优点。

小知识

在我国，优质肉鸡通常指的是感官质量较好的肉鸡，主要包括色泽、风味、口感、嫩度和多汁性等方面。

随着生活水平的提高，人们越来越重视食品安全，追求优质、营养和无公害的绿色食品，因此，优质肉鸡的发展前景十分美好。

一、优质肉鸡的饲养管理

1. 优质肉鸡生产的特点

（1）生长发育速度慢，饲养周期长，年周转率低，一般饲养周期为84~134天。

（2）饲料利用率低，对饲料的营养要求水平较低，耐粗饲，饲料比较廉价，因此饲养成本低。

（3）生长后期对脂肪的利用能力强。

（4）羽毛生长速度较慢，应在日粮中添加蛋氨酸来促进羽毛生长并防止发生啄癖。

（5）性成熟早。

2. 优质肉鸡饲养阶段

根据优质肉鸡的生长发育规律及饲养管理特点大致可划分为前

期（育雏期，0~3 周龄），中期（生长期，4 周龄至出栏前 2 周龄），后期（肥育期，出栏前 2 周龄至出栏）。

3. 优质肉鸡饲养方式

饲养方式根据实际情况可采用地面饲养、网上平养、笼养等，不同方式的优缺点可参考第 3 单元相关内容。除了以上三种以外还可采用笼牧结合饲养方式。该方式是一种 6 周龄前以笼养为主，6 周龄后以放牧为主的饲养方式。一般将鸡舍建在山丘、荒坡、林地或果园等处并设置围栏，鸡群可自由活动，可获得阳光照射和进行沙浴，也可采食虫、草或沙砾，有助于优质肉鸡生长发育和健康生长。

小知识

放牧饲养时在运动场上设置沙浴坑，内含石粉，既可以满足鸡的沙浴行为，又可以促进补钙。

4. 优质肉鸡饲养管理要点

优质肉鸡在日常管理及环境控制上与快大型肉鸡基本一样，但也有一些不同之处，在饲养过程中主要应注意以下几个方面。

（1）营养需要及饲料配合特点。优质肉鸡生长速度比快大型肉鸡稍慢，要求日粮中的营养成分含量稍低，因此应适当降低营养水平，一般蛋白质含量较快大型肉鸡降低 5%~8%，能量水平降低 2%~3%，在降低蛋白质和能量的同时，其他营养成分的含量（必需氨基酸、微量元素、维生素）也相应降低。使用快大型肉鸡饲料饲喂优质肉鸡，不仅是一种浪费，还会给鸡带来一些营养性疾病。

优质肉鸡的饲料配合一般 7 周龄内采用高营养日粮饲喂，以保证雏鸡正常的生长发育，防止出现僵鸡。7~10 周龄采用低营养日粮饲喂，但要保证蛋氨酸足量，以免骨骼和羽毛的生长缓慢。10 周龄至出栏上市采用较高营养的日粮，以使肌肉快速生长，保证育肥效果。

小知识

僵鸡指的是生长发育滞缓或停滞的鸡。

（2）公母分群饲养。公母鸡生理基础不同，对生活条件的反应和要求也不同，一般公鸡比母鸡个大体壮，争斗性强，容易受环境条件变化的影响，增重快，饲料利用率高。如果公母混合饲养，公母鸡体重相差达到 350~550 g，而分群饲养一般只差 100~250 g。因此，公母鸡分群饲养不仅可以防止啄癖的产生，还能在各自适当的日龄出栏，更有利于增重，提高饲料利用率和鸡群均匀度。

小知识

对出雏时未鉴别雌雄的鸡，一般在饲养到 50~60 日龄，有明显外观性别时再进行区分。

（3）适宜的饲养密度。饲养密度直接影响鸡群的生长速度、均匀度和料肉比。优质肉鸡平养或笼养期间，适宜的饲养密度为每平方米养 16~18 只；以放牧为主、补饲为辅时，每 100 平方米养 21~23 只；以补饲为主、放牧为辅时每 100 平方米养 60~90 只。

（4）防止产生恶癖。优质肉鸡如果饲养密度过大、室内光线太强或饲粮中能量和蛋白质不平衡、氨基酸水平不均衡、缺乏微量元素等都会引起啄肛、啄羽、啄趾等恶癖。一般中期阶段因舍外活动量加大、生长加快而容易发生恶癖现象，应及时采取预防措施。预防措施有：降低光照度、加强通风、进行断喙。断喙方法可参考第 7 单元相关内容。

（5）防止饲料浪费。鸡有挑食的习性，尤以优质肉鸡中期阶段为甚，鸡只很容易把饲料撒到槽外造成浪费和污染。为了避免浪费，应随着鸡的生长更换适宜大小的料槽，调节料槽高度，调整鸡群饲养密度。

（6）防止意外伤害。优质肉鸡在放牧期间应注意预防黄鼠狼、老鼠、狗、猫等的侵入，特别是果园、山丘、荒坡和林地饲养的鸡应尤为注意。果园放牧的优质肉鸡还应预防农药中毒。优质肉鸡很容易受惊而四处逃散，引起鸡只受外伤或晚上不回鸡舍而丢失，所以应避免鸡只受惊。

（7）定期驱虫。优质肉鸡放牧阶段因活动面广，采食杂，接触虫、卵的机会比较多，因此要定期驱虫。一般雏鸡在 2 月龄时进行第 1 次驱虫，4~5 月龄时进行第 2 次驱虫；成鸡每年进行 2 次驱虫，分别在秋末冬初和春末夏初进行。

（8）增加免疫内容。因优质肉鸡饲养期较长，与快大型肉鸡比，应增加某些免疫内容。比如，对于鸡痘疫苗，快大型肉鸡可以不必接种，但优质肉鸡应接种。其他免疫项目也要根据地区发病特点加以考虑。

（9）加强卫生管理。优质肉鸡因放牧饲养，鸡群接触范围广，卫生防疫不易控制，故更应加强卫生管理。做好人员消毒、鸡舍消毒、病死鸡及鸡粪的处理工作。舍内、舍外用具每天刷洗消毒一次，工作人员进出鸡舍要消毒，每周带鸡喷雾消毒两次。要选取不同成分消毒剂轮换进行消毒，避免重复使用不同厂家商品名不同但成分相同的消毒剂。鸡舍每日清粪2次，粪便存放地点在鸡舍下风处，离鸡舍50 m以外。鸡场要远离村庄，不要靠近交通主干道，并建有围墙，防止其他鸡进入，以免传播疾病。

提示

优质肉鸡的舍内舍外均应设置喂料器具、饮水器具等，其中舍外器具主要在放牧阶段补饲用。

(10) 适时上市。优质肉鸡最佳上市体重为0.9~1.6 kg，超过1.6 kg后不易销售。养殖户应根据鸡体重和市场价格的涨跌，选择最佳上市时机。

二、优质肉鸡的几种放牧方法

1. 果园放牧饲养

果园放牧饲养是一种既能为果园消灭虫害、增强土壤肥力，又能节约成本，更能够保证良好鸡肉品质的一种肉鸡饲养方法。

(1) 建筑设施。果园四周应设置围栏或隔离设施，里面可设置一个保温育雏舍，旁边或中间可以搭建简易棚舍供鸡群饮水、补饲饲料、夜间和雨天休息用。果园里也可设置适当数量的光照设施，用于夜间诱虫让鸡采食。

小知识

对喂料、饮水用具可用废旧汽车轮胎代替，从横截面切开，将凹面朝上使用。

（2）饲养管理要点

1）育雏期应在育雏舍内饲养，方法与笼养方式相同。

2）一般6周龄后，从育雏舍转入放牧饲养区。具体时间应根据当地的气候情况而定。

3）开始放牧时，应选择晴朗无风的天气，让鸡到鸡舍附近活动并适应外界环境。

4）若天气变冷，应做好保温工作，让鸡进舍内采食、饮水。

5）果树开花季节或喷洒农药期间不可放牧。

6）要做好卫生防疫工作，定期消毒，按时接种疫苗，适时驱虫，及时检查发现死亡鸡只并给予焚烧处理。

7）每天早上放牧前和晚上放牧后都应补饲饲料并避免不同日龄的鸡混群饲养。

2. 林间地放牧饲养

在村庄的周围、河堤湖畔有树林的地方都可放牧饲养。该饲养方式因林地中有杂草、昆虫等野生饲料资源，可降低饲养成本。林地放牧饲养管理要求与果园放牧饲养基本相同，不同的是林地很少有农药喷洒，鸡群不会出现中毒现象。但如果是大片森林应防止野生动物侵袭。

3. 荒山荒坡地放牧饲养

利用荒山荒坡地放牧饲养既有利于贯彻国家退耕还林政策，又有利于优质肉鸡的生产。该方法的饲养管理要点与以上两个基本相同。一般鸡舍建立在背风向阳、地势较为平缓的坡地上，可防止北风的袭击和洪水的危害。我国西北地区比较适合这样的饲养方式。

4. 草原草坡地放牧饲养

草原草坡地放牧饲养是一种利用自然资源进行放牧，生产绿色鸡产品和防止蝗灾发生的饲养方法。南方地区放牧时间较长，北方地区较短。在放牧区域可种植树木和搭建简易棚舍。其他饲养管理要点与上面几种基本相同。

知识链接

饲养肉鸡利润的计算方法

饲养肉鸡主要有以下方面的费用：

1. 饲料费

肉鸡单位体重的饲料费（元/千克）= 料肉比×饲料价格（元/千克），一般占总成本的 68% 左右。

2. 雏鸡费

雏鸡费一般占总成本的 13%~15%。

3. 疫病防治费

每批鸡用于消毒、免疫、预防、治疗、驱虫等用途的药物费总和，正常生产情况下占总成本的 4%~5%。

4. 垫料费

如果是地面饲养方式，还会涉及垫料费。

5. 人工费

人工费主要包括饲养工人的工资和福利费。

6. 其他费用

其他费用主要包括水电费、燃料费、易耗品费、维修费、折旧费、运输费等费用。

构成肉鸡收入款项，主要包括出售肉鸡收入和出售粪便收入。

总利润=总收入-总成本费用。

第9单元 鸡场防疫技术

模块1 鸡场的消毒

消毒是指利用各种方法和手段清除、杀灭传染源排放在外环境(房舍、场地、空间、水源、饲料、器具、动物等)中的病原体(菌、虫等)的一种综合性措施，也是消灭病原、切断传播途径、阻止疾病传播、减少鸡只死亡、提高成活率的一种手段，是疫病综合性防治措施中的重要组成部分。

一、消毒的种类和方法

1. 消毒种类

按消毒的目的与时间可以分为下列几种。

(1) 预防性消毒。平时为预防疫病的发生而对鸡舍、库房、饲养用具、运输工具等进行定期或不定期的各种消毒措施。

(2) 临时性消毒。指在监测或发生疫病时，为了及时消灭患病动物排出的病原体而采取的消毒措施，需要反复多次实施。

(3) 终末性消毒。在疫病控制、平息之后或疫区解除封锁前，为了消灭疫区内可能残留的病原体所进行的全面而彻底的消毒。

2. 消毒方法

消毒方法通常有物理消毒法、生物消毒法和化学消毒法三类。

（1）物理消毒法。物理消毒法中的很多方法十分简便、实用、经济，效果也很好。如清扫、洗刷、通风、换气和空气过滤等物理消毒方法，既能清除污渍、病原，又能增加化学消毒的效果，是疫病防治的基本措施之一。焚烧、煮沸、干热、湿热蒸汽等热消毒方法，能使病原失去活性，进而被杀死，是最简单的杀灭病原的方法。利用自然阳光曝晒和紫外光消毒法对场地、用具、衣物、饲料和水的消毒效果也十分可靠，能获得干燥和杀灭病原的功效。

（2）生物消毒法。利用微生物技术杀灭病原微生物和寄生虫的方法。如排泄物（粪和尿等）、污染物等在堆放密封后，任由嗜热性细菌繁殖、发酵产生大量热能，以达到杀灭病原微生物的目的。

（3）化学消毒法。利用化学药物杀灭病原微生物是一种常用的消毒方法。消毒剂的选择与病原体特点、环境以及药物性质、pH值、浓度、温度、湿度、作用时间等因素有关。

二、消毒制度和消毒程序

高效消毒程序需根据本鸡场的实际情况、所用药物、消毒方式建立，并根据监测结果和疫情等随时加以调整。

1. 鸡场出入口消毒

车辆出入口大门处设一消毒池，内盛消毒剂用于车轮通过时消毒。消毒池用的消毒剂应具有耐有机物干扰、耐阳光等性质，另外应定时更换消毒药物，以保持消毒药液的有效性。一般选用 2%~4%的氢氧化钠溶液，隔 3~5 天更换一次。车体可用 3%~5%甲醛溶液喷雾消毒，也可用含氯消毒剂喷雾消毒。鸡场大门口设消毒室，并设置脚踏消毒槽，内盛 5%的来苏尔或含氯消毒剂，出入人员进行踏踩消毒。不准带入可能染疫的畜产品或其他物品。

2. 生产区消毒

生产区的消毒包括工作人员的消毒和场区环境的消毒。

工作人员消毒：生产区设消毒室，消毒室内设置淋浴设备、熏蒸衣柜等。进入生产区的工作人员必须淋浴消毒后更换消毒过的工作服，要脚踏消毒池，同时还要消毒双手，才能进入自己的生产工作栋，严禁相互串栋。进入场区的所有工作人员的衣服和鞋帽每周都要洗涤、消毒 2~3 次，且不得将其穿出生产区。鸡舍门口消毒池内消毒剂每周更换 1 次。垃圾、粪便等废弃物要及时清除至场外作无害化处理。

场区环境消毒：进鸡前对鸡舍周围 5 m 内环境使用 5%的氢氧化钠溶液进行喷雾消毒，对鸡舍周围 2 m 范围内还要撒生石灰消毒。

3. 空舍消毒

提示

空舍消毒要在消毒程序完成后封闭空舍 7~15 天。

当鸡只出栏后，要对鸡舍从内到外、从上到下（屋顶、墙壁、门窗至地面）喷洒消毒，以避免病原微生物随着尘土飞扬或者顺水流出，扩散到邻近的鸡舍等周边地区。对鸡舍内垫料和粪便等污物进行无害化处理。将所有能拆卸的用具如食槽、水槽、笼具等拆下，移至舍外清扫、浸泡、冲洗，并反复消毒。鸡舍内要用高压水充分冲洗，接着干燥，然后从上到下用消毒药物喷雾消毒、干燥，换另一种类型消毒药物喷器具、墙壁、笼架、地面等，消毒 1~2 h，再用清水冲洗干净，干燥后将已消毒好的设备及用具搬进舍内安装调试后用高锰酸钾和福尔马林进行熏蒸消毒一次。

提示

浸泡消毒时常使用新洁尔灭液或高锰酸钾溶液。

4. 生产用具消毒

对饲槽、水槽、桶、盆、清扫用具等定期进行清洗消毒。程序为洗涮干净→晾干→消毒剂浸泡 2~3 h→用清水冲洗干净→晾干后使用。

5. 带鸡喷雾消毒

鸡从进舍到出栏的整个饲养期间，均要定期消毒，以杀灭病原微生物，从而达到预防的目的。对禽流感、新城疫、传染性法氏囊病、马立克氏病等疫病有良好的预防作用，对常见的细菌性疫病也有很好的防治作用，对呼吸系统的疫病则效果更佳。

（1）消毒剂的选择。一般选用广谱、高效、强力，对金属、塑料制品腐蚀性小，毒性小，无残留和无浓烈刺激性的消毒剂，如菌毒净、除菌净、百毒杀、聚维酮碘、爱迪伏、碘酊、过氧乙酸等，两种或两种以上交替使用（每季度或每月轮换一次），药量要按说明书使用。另外，还应根据鸡只的基本情况、当地气候、环境、季节等因素，有针对性地选用高效消毒药。

（2）带鸡喷雾消毒的方法。1~20日龄的鸡群每3天消毒1次；21~40日龄的鸡群每2天消毒1次；41日龄以后每天消毒1次；种鸡则每3天消毒1次。在疫区或受威胁区，可每天消毒1次；在夏季、疾病多发季或热应激时，可每天消毒1~2次。喷雾量一般按每立方米空间约15 mL消毒液计算，可根据饲养方式及鸡只的大小适当加以调整。雾粒直径控制在80~120 μm，喷头距鸡体60~80 cm喷雾。

提示

配制消毒药液选用杂质较少的30~40 ℃深井水或自来水较好。

消毒时间：选择中午最热的时候，可起到既消毒又防暑的作用。

消毒操作方法：将配好的消毒药液倒入喷雾器后，从鸡舍的一端开始喷雾消毒；喷雾消毒时喷头向上，使药液似雾一样慢慢下落；喷雾以使物体表面都湿润为止。

6. 饮水系统消毒

鸡场内的饮水系统要经常消毒并定期检查水源是否受到污染，可在饮水中投入适量的消毒剂。在临床上常见的饮水消毒剂为氯制剂、碘制剂和季铵盐类。

三、鸡场消毒剂的选择与使用

1. 不同消毒对象采用的消毒方法及消毒药物（见表 9-1）

表 9-1　不同消毒对象采用的消毒方法及消毒药物一览表

消毒对象		消毒方法	消毒药物名称及浓度
通道口消毒	车辆消毒池	池里配置化学药物	2%～4%的氢氧化钠溶液或石灰粉
	消毒室	紫外灯物理消毒或化学消毒	2%～4%的氢氧化钠溶液
	消毒槽	化学药物浸泡	2%～4%的氢氧化钠溶液
场区环境消毒	环境	化学药物喷雾	百毒杀、2%～4%的氢氧化钠溶液、0.2%～0.3%的过氧化氢溶液
	病畜排泄物	化学药物喷撒或喷雾	百毒杀、含 5%～10%有效氯的漂白粉、10%的氢氧化钠溶液
运输工具消毒	严重病畜	消毒药物喷撒或喷雾	含 5%有效氯的漂白粉或 10%的氢氧化钠溶液
交易市场消毒	工具	药水洗刷	2%的热碱水
	地面、饲槽	浸泡 10～15 min	3%～5%的克辽林
空舍消毒		药物喷洒	3%～5%的来苏尔、0.2%～0.5%的过氧乙酸溶液、20%的石灰乳液、5%～20%的漂白粉溶液，按 800～1 000 mL/m^3 用药
		熏蒸消毒	高锰酸钾 15～20 g/m^3、福尔马林 30～40 mL/m^3，作用 12～24 h
带鸡消毒		喷雾消毒	0.015%的百毒杀、0.1%的新洁尔灭溶液、0.2%～0.3%的次氯酸钠溶液或过氧乙酸溶液，按 60～240 mL/m^{2}用药

续表

消毒对象	消毒方法	消毒药物名称及浓度
孵化设施消毒	浸泡 3~5 min	0.1%的新洁尔灭溶液或 0.05%的高锰酸钾溶液
种蛋消毒	熏蒸消毒 30 min	高锰酸钾 15 g/m^3，福尔马林30 mL/m^3
鸡产品包装消毒	浸泡 10~15 min	1%~2%的氢氧化钠溶液、0.04%~0.2%的过氧乙酸溶液

2. 常用消毒剂（见表 9-2）

表 9-2　　常用消毒剂基本信息一览表

药物名称	抗菌谱	临床应用
氢氧化钠	对细菌、病毒和寄生虫卵有很强的杀灭作用	一般用浓度为 2%~3%的氢氧化钠溶液对鸡舍出入口的消毒池、地面、墙壁、运输工具进行消毒
生石灰	对细菌、病毒、芽孢等具有杀灭作用	可用 10%~20%的新鲜石灰乳液（生石灰加水制成）涂刷鸡舍墙壁消毒；也可先在鸡舍地面洒适量清水，然后把生石灰撒在地面上消毒
漂白粉	对细菌、真菌、病毒、芽孢等具有杀灭作用	用于饮水消毒（用量为每立方米水中加漂白粉 4~8 g），也用于污水池、下水道的消毒
新洁尔灭	对细菌繁殖体具有杀灭作用，对病毒和芽孢作用不强	常用于洗手消毒（浓度为 0.05%~0.1%的新洁尔灭溶液），也用于鸡舍内笼具、用具、空气消毒（浓度为 0.15%~0.2%的新洁尔灭溶液），还可用于孵化室对种蛋的喷雾或浸泡消毒（浓度为 0.1%的新洁尔灭溶液）
次氯酸钠	对细菌、真菌、病毒、芽孢等具有杀灭作用	可用 0.05%~0.2%的次氯酸钠溶液对鸡舍、各种设施以及鸡只消毒（带鸡消毒）

续表

药物名称	抗菌谱	临床应用
过氧乙酸	对细菌、病毒、霉菌等具有杀灭作用	可用0.1%的过氧乙酸溶液对鸡消毒，用0.3%~0.5%的过氧乙酸溶液对鸡舍和各种用具消毒
高锰酸钾	对细菌、真菌、病毒、芽孢等具有杀灭作用	常用浓度为0.05%~0.2%的高锰酸钾溶液对食槽、水槽进行清洗消毒
福尔马林	对细菌、真菌、病毒、芽孢等具有杀灭作用	用于鸡舍和孵化室种蛋的熏蒸消毒
百毒杀	对细菌、真菌、病毒、芽孢等具有杀灭作用	用于饮水消毒，鸡舍、环境、器具、带鸡消毒及种蛋消毒等。

四、鸡场消毒注意事项

1. 按消毒对象选择消毒方法

消毒时要根据不同的目的和对象选择不同的消毒方法并合理运用。化学消毒法是鸡场最常用的消毒方法，也是消毒工作的主要内容；物理消毒法和生物消毒法简便易行、经济实惠，如在鸡场出入口设立紫外线消毒室和对粪便进行堆积发酵消毒，对提高养鸡场的总体消毒效果会起到很好的作用。

2. 按疫病类型有针对性选择高效消毒药物，确定消毒重点

对经消化道传播的传染病，如禽流感、新城疫、禽霍乱等，需注意搞好环境卫生，加强对饲料、饮水和饲养工具的消毒。对经呼吸道传播的传染病，如禽流感、传染性喉气管炎、传染性支气管炎等，需重点对鸡舍空气和物体表面加强消毒。

提示

1. 消毒剂要求保存在阴凉、干燥、避光的环境下，否则会造成吸潮、分解、失效。

2. 购买和使用消毒剂时要注意外包装上的生产日期和保质期，必须在有效期内使用。

3. 尽量不要把不同种类的消毒剂混在一起使用，防止相拮抗的两种成分发生反应，削弱甚至失去消毒作用。

3. 按疫病流行实际情况掌握消毒次数

如冬春季节是禽流感和新城疫等疫病的多发季节，可在原有基础上适当增加消毒次数及用量。

模块2　免疫接种技术

目前，传染性疾病仍是我国养鸡业的主要威胁，而免疫接种是预防传染病的有效手段。

一、疫苗的使用

1. 疫苗的运输与保管

疫苗的科学运输和保管是保证免疫成功的重要环节之一，在这一过程中，应注意以下几个方面。

(1) 疫苗需避免高温和阳光直射，在夏季天气炎热时尤其应注意。

（2）疫苗应低温保存和运输，但应注意不同种类的疫苗所需的温度不同。例如，冻干苗、湿苗的最佳保存温度为0~15 ℃，而油乳剂疫苗和铝胶佐剂疫苗的灭活苗和类毒素则应避免冷冻，最适温度为2~8 ℃，存放在阴暗及干燥的场所。有些细胞结合型马立克氏病疫苗则应在液氮内保存。

（3）疫苗应由专人保管，并造册登记，以免错乱。

（4）不同血清型、不同毒株、不同有效期的疫苗应分开保存，先用有效期短的后用有效期长的。

（5）应经常检查电冰箱或冰库电源及温度，最好配备备用发电机。

（6）电冰箱或冷藏柜内如结霜（或结冰）太厚时，应及时除霜，使冰箱达到一定的冷藏温度。

（7）保存期较长和较重要的疫苗应与常用疫苗分开保存，并尽可能减少冰箱门打开的次数，尤其是天气炎热时更应注意。

2. 疫苗的剂量

（1）疫苗的剂量不能太少也不能太多，太少不足以刺激机体产生足够的免疫效应，过多则会产生毒性反应，所以使用剂量应严格遵循产品说明书。

（2）过期或失效的疫苗不得使用，更不得用增加剂量来弥补。

（3）大群接种时，考虑到注射过程中会出现一些浪费，可适量增加10%~20%的用量。

3. 疫苗的稀释

（1）稀释疫苗之前应逐瓶进行检查，尤其要对疫苗名称、有效期、所用剂量、封口严密性等进行检查。

（2）有些对稀释有特殊要求的疫苗，应用其指定的稀释液。而其他疫苗一般可用灭菌生理盐水或灭菌蒸馏水稀释，稀释后应充分混匀。

（3）稀释液应是清凉的，天气炎热时尤其要注意。

（4）稀释液的用量计算要仔细，应用要准确。

（5）稀释疫苗的过程中应严格执行无菌操作。

（6）稀释过程中应分级进行，对疫苗瓶一般应用稀释液冲洗 2~3 次。

（7）稀释好的疫苗应尽快用完，未使用完的疫苗应该放在冰箱或冰水桶中冷藏。

（8）对于需用液氮保存的马立克氏病疫苗的稀释更应小心，生产厂家如提供操作程序，则应严格按照程序执行。

二、免疫接种方法

1. 饮水接种法

在饮水免疫接种前 3 h（夏 2 h）停止饮水，将饮水器反复冲洗干净，再用冷开水冲洗一遍，确保无残留消毒剂或异物后，用冷开水稀释疫苗。冷开水的用量为：5~15 日龄的 5 毫升/只，16~30 日龄的 10 毫升/只，30~60 日龄的 20 毫升/只。饮水接种法适合弱毒疫苗，饮水免疫如图 9-1 所示。

提示

疫苗水应在 1 h 内饮完，饮完半小时后方可喂料，24 h 内不准饮高锰酸钾溶液。

图 9-1　饮水免疫

2. 点眼滴鼻

将 500 只鸡的剂量用 25 mL 生理盐水稀释摇匀后用滴管（眼药水瓶也可）在鸡的鼻孔、眼部各滴一滴（约 0.05 mL），让疫苗液体进入鸡鼻孔或渗入眼中。此法适合雏鸡的鸡瘟Ⅱ、Ⅲ、Ⅳ系疫苗和传染性支气管炎、传染性喉气管炎等弱毒疫苗的接种。点眼滴鼻如图 9-2 所示。

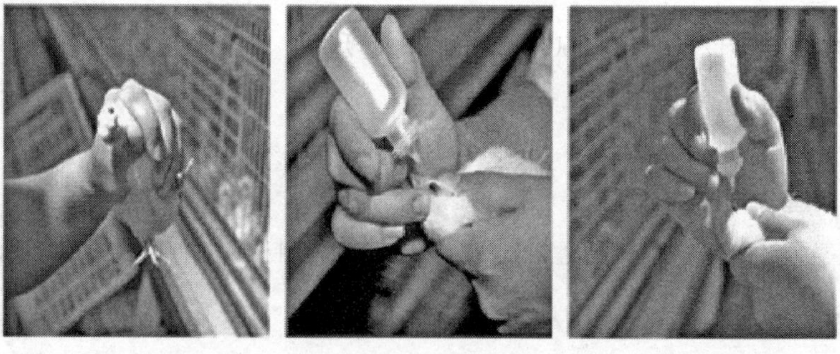

图 9-2　点眼滴鼻免疫

3. 注射免疫接种

（1）肌肉注射。注射部位在鸡的颈背部、大腿内侧或翅下肌肉，要避开大血管和神经，选择肌肉丰满处刺入，如图 9-3 所示。此法适于鸡瘟 I 系疫苗、禽霍乱毒苗及灭活疫苗。肌注接种时，要备足针头，做到 1 只鸡用 1 个针头或一笼鸡用一个针头，以免导致交叉感染。

（2）皮下注射。注射部位选在颈部后皮下或大腿内侧皮下，如图 9-4 所示。此法适合鸡马立克氏病疫苗接种。将 1 000 只剂量的疫苗稀释于 200 mL 专用稀释液中，注射时，在鸡颈部捏起皮肤，刺入皮下注射 0. 2 mL。

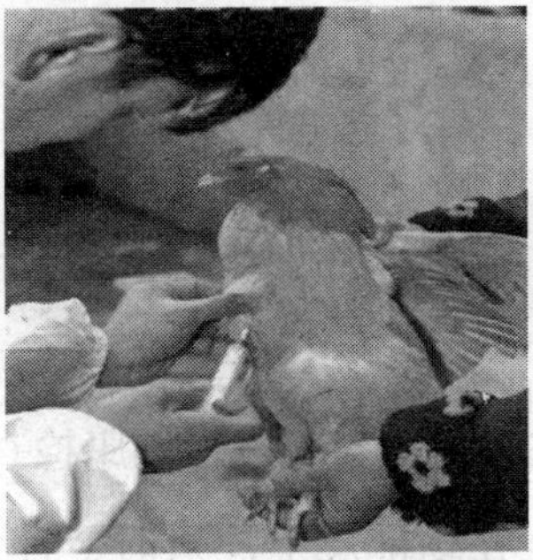

图 9-3　肌肉注射免疫

图 9-4　皮下注射免疫

4. 气雾

在鸡群上方 1 m 处使用气雾喷枪喷雾，利用本方法接种时免疫疫苗的剂量需加倍，使用专门设备，同时要求鸡舍的封闭性要好。

5. 翅膀内刺种法

将 1 000 只剂量的疫苗，用 25 mL 生理盐水稀释，充分摇匀，用钢笔尖或注射针头蘸取疫苗液，在鸡翅膀内侧无大血管处刺 2 次。

此法适用于鸡瘟Ⅰ系和鸡痘疫苗的接种，3 天后要检查刺种部位，若有小肿块或红斑，表明免疫接种成功，否则需要重新刺种。

三、免疫接种注意事项

1. 向饮水中注入活疫苗时，饮水必须使用凉开水。

2. 在饮水免疫期间，饲料中不能添加抗生素类药物。

3. 饮水中应加入 0.1%～0.3%的脱脂乳或山梨糖醇，以保护疫苗的效价。

4. 免疫接种后应停止饮水 2～4 h。

5. 稀释疫苗注意无菌操作、剂量准确，一些疫苗需用特殊稀释液，另一些疫苗可以用灭菌的生理盐水或蒸馏水稀释。

6. 免疫方法正确，免疫剂量准确。

7. 在将疫苗液滴到眼和鼻上以后，应稍停片刻，待确认疫苗液已被吸入后再将鸡轻轻放回地面。

8. 注射器及针头用前均应消毒，注射前应对鸡进行健康检查。

9. 针头插入的方向和深度应适当，在颈部皮下注射时，针头方向应向后向下，针头与颈部纵轴基本平行。

10. 在将疫苗液推入后，应将针头慢慢拔出，以免疫苗液漏出。

11. 在注射过程中，应边注射边摇动疫苗瓶，以使疫苗均匀分布。

12. 气雾喷洒前应对气雾机的各种性能进行测试，以确定雾滴的大小、稀释液用量、喷口与鸡群的距离（高度）以及操作人员的行进速度等，以便在实施时参照进行。

13. 严格控制雾滴的大小，雏鸡用雾滴的直径为 30～50 μm，成鸡为 5～10 μm。在停止喷雾 20～30 min 后，才可开启门窗和启动风扇（视室温而定）。一般相对湿度在70%左右最为合适。实施喷雾时气雾机喷头要在鸡群上方1 m处。

四、免疫失败的主要原因

1. 环境因素

在正常的免疫反应出现之前，若环境中存在大量病原微生物，则使用任何疫苗都不可能收到最佳效果。例如，雏鸡出壳后即接种马立克氏病疫苗，但要获得良好的免疫力，还需要经过2周时间，如果在2周之内鸡舍被马立克氏病毒污染，病毒就会侵入鸡体，造成免疫力下降，甚至发生马立克氏病。因此，疫苗应尽早应用，用后还要加强环境监控、做好消毒工作。

2. 营养因素

多种营养物质，如蛋白质、维生素A、维生素E、硒、锌等，都与免疫抗体的产生和免疫功能的发挥有着密切的关系，如果缺少这些物质，就会影响免疫抗体的产生，导致免疫功能下降，从而影响免疫效果。因此，免疫接种前一定要注意补足各种营养成分，为免疫力的产生提供足够的物质条件。

3. 生物制剂的因素

（1）疫苗的质量。质量不过关或者制作的疫苗病毒及细菌含量不足，密封不佳，佐剂颗粒粗等。

（2）疫苗选择。疫苗选择不得当，没有针对性，免疫效果会受到影响。

（3）免疫程序不当。没有按照疾病的流行季节、地区、母源抗体水平、气候等因素进行免疫。

（4）免疫方法不当。疫苗本应实施肌肉注射，却在皮下进行注射，造成免疫效果变差。

（5）疫苗稀释不正确，保存不得当。

（6）多种疫苗之间产生干扰。

（7）抗生素等其他药物的干扰作用。

（8）免疫缺陷、免疫麻痹、免疫抑制、雏鸡免疫器官未成熟等。

（9）抗原的变异。

（10）应激反应。免疫接种前后出现的各种不良应激因素，都会扰乱机体的正常代谢，影响抗体产生的速度和数量。

知识链接

鸡的免疫程序

蛋鸡和肉鸡的防疫工作是非常重要的，在鸡场中对于防疫工作必须制定严格的免疫程序，这对鸡常见病预防也是重要的环节。在鸡场中免疫接种程序在不同品种之间存在差异，下表中内容仅作参考。

蛋用种鸡参考免疫程序

日龄（天）	疫苗种类	接种方法
1	马立克氏病疫苗	皮下注射
1	传染性支气管炎弱毒苗	滴鼻或点眼
7	新城疫Ⅳ系弱毒苗	滴鼻或点眼
14	传染性法氏囊病弱毒苗	饮水
14	鸡痘弱毒苗	翅下刺种

续表

日龄（天）	疫苗种类	接种方法
21	传染性法氏囊病弱毒苗	饮水
28	新城疫C30弱毒苗	滴鼻或点眼
49	新城疫Ⅳ系弱毒苗	滴鼻或点眼
49	传染性支气管炎弱毒苗	滴鼻或点眼
70	传染性脑脊髓炎弱毒苗	饮水
70	传染性喉气管炎弱毒苗	点眼
70	鸡痘弱毒苗	翅下刺种
91	新城疫Ⅳ系弱毒苗	滴鼻或点眼
91	传染性法氏囊病灭活苗	肌肉注射
120	新城疫-减蛋综合征二联苗	肌肉注射
140	传染性支气管炎多价灭活苗	肌肉注射
245	传染性法氏囊病灭活苗	肌肉注射
245	新城疫灭活苗	肌肉注射
350	新城疫灭活苗	肌肉注射
350	传染性法氏囊病灭活苗	肌肉注射

商品蛋鸡参考免疫程序

日龄	疫苗种类	接种方法
1	马立克氏病CVI988液氮疫苗	皮下注射
1	传染性法氏囊病S706疫苗	皮下注射
5	新支灵（新城疫-传支二联苗）	点眼
10	新威灵（新城疫弱毒疫苗）	点眼
10	禽流感-新城疫灭活苗	注射
18	百倍灵（传染性法氏囊病中毒疫苗）	饮水
30	鸡痘-脑脊髓炎二联苗	刺种
45	喉倍灵（喉气管炎疫苗）	点眼
45	新城疫-传支-减蛋综合征（禽流感）灭活苗	注射

续表

日龄	疫苗种类	接种方法
100	鸡出败菌苗	注射
120	新城疫-减蛋综合征（禽流感）灭活苗	注射
120	传支 491	点眼
130	大肠杆菌多价菌苗	

肉用种鸡参考免疫程序

日龄	疫苗种类	接种方法
1	马立克氏病疫苗	皮下注射
3	新城疫Ⅱ系苗	滴鼻或点眼
7	新城疫-肾型传支二联苗	滴鼻或饮水
12	新城疫Ⅳ系苗	滴鼻或点眼
12	新城疫灭活苗	肌肉注射
16	病毒性关节炎疫苗	饮水
20	传染性法氏囊病疫苗	滴鼻或点眼
25	鸡痘疫苗	翅下刺种
25	鸡传染性鼻炎灭活苗	肌肉注射
30	新城疫-传染性支气管炎 H52 二联苗	点眼或饮水
35	传染性喉气管炎疫苗	点眼
41	传染性法氏囊病灭活苗	饮水
60	新城疫Ⅰ系苗	肌肉注射
70	鸡痘疫苗	翅下刺种
80	传染性脑脊髓炎疫苗	饮水
90	传染性喉气管炎疫苗	点眼
120	新城疫-减蛋综合征二联灭活苗	肌肉注射
130	病毒性关节炎灭活苗	肌肉注射
140	传染性法氏囊病灭活苗	肌肉注射
300	传染性法氏囊病灭活苗	肌肉注射

商品肉鸡参考免疫程序

日龄	疫苗种类	接种方法
1	马立克氏病疫苗	皮下注射
7	新支灵（新城疫-传支二联苗）	点眼、滴鼻、饮水
12	传染性法氏囊病疫苗	点眼、饮水
21	新城疫疫苗	点眼、滴鼻、饮水
28	传染性法氏囊病疫苗	点眼、滴鼻、饮水

模块3　鸡驱虫措施

各种鸡寄生虫病严重地威胁鸡和人类的健康，危害畜牧业产品的数量和质量。而寄生虫因种类繁多、分布广、各地自然条件不同等因素，防治起来是个极其复杂的问题，所以防治鸡寄生虫病必须贯彻“预防为主、养防结合、防重于治”的方针，必须掌握寄生虫的发育规律和流行规律，采取必要的综合性措施，才能有效地控制寄生虫病的发生和流行，保障家畜和人类的健康，减少经济损失，促进养殖业的发展。

一、驱虫

驱虫必须掌握寄生虫的流行特点和感染途径，选择最佳驱虫时间，有针对性地选择驱虫药物，并制定综合防治措施。在组织大规模驱虫工作时，应先在小群中做试验，以免中毒或影响试验效果。

寄生虫药物选择的原则是广谱、高效、低毒、价廉、使用方便。为避免寄生虫产生耐药性，不能长期选用一种药物，而应有计划地交替使用或联合用药。

1. 分类

（1）治疗性驱虫。确诊禽类的寄生虫病后应及时治疗患病鸡，同时对健康鸡群采取预防措施。

（2）预防性驱虫。多数鸡寄生虫病都是慢性的，因此常被人们忽视，使鸡生产性能下降10%以上。应根据当地寄生虫病的流行病学特点，及时组织定期驱虫。驱虫过程中的注意事项如下。

1）使用驱虫、杀虫药物要求剂量准确。

2）驱虫后应加强护理和观察，有不良反应要及时救治。

3）先在小群中做驱虫试验，取得经验并肯定药效和安全性后，再进行全群驱虫。

2. 驱虫药物

驱虫药物的毒性一般较大，在治疗与预防过程中，一定要掌握好用法、用量及注意事项。否则，易引起鸡中毒甚至死亡，造成不必要的经济损失。在此介绍以下数种常用鸡驱虫药的用法。

（1）吩噻嗪（硫化二苯胺）。该药能抑制虫体组织细胞酶系统活性。常用其粉剂驱除肠道线虫。对鸡蛔虫、异刺线虫有效，多为内服。用量：大鸡0.5克/只，小鸡50~500毫克/只。大群喂服前禁食16 h，再饲喂含本品的饲料（比例为1：60），1 h内喂完。

（2）左旋咪唑。广谱驱线虫药。一般以0.03%~0.06%的浓度溶于水中供鸡饮服，对驱除鸡蛔虫、异刺线虫、鹅裂口线虫等均有较好的效果。此药分盐酸左旋咪唑和磷酸左旋咪唑两种。前者鸡冲服一次量为 10~20 mg/kg 体重；后者用于驱除肠道线虫，鸡内服一次量为 25~30 mg/kg 体重。该品极易吸湿，应保存于干燥、遮光、密闭处。

（3）硫双二氯酚。对驱除鸡吸虫、绦虫有效。可将本品片剂研碎，拌入少量饲料中饲喂。内服一次量为 0.05~0.2 g/kg 体重。该药毒性较小，用药后一般不会出现毒性反应。

（4）丙硫苯咪唑。白色粉末，无嗅无味，不溶于水，是一种广谱驱虫药。能驱除肠道线虫、肺线虫、绦虫和吸虫。内服一次量为 10~20 mg/kg 体重。

（5）噻苯咪唑。属于广谱驱虫药。在鸡饲料中添加 0.1%，连用 2~3 周，能有效抑制气管比翼线虫；在饲料中添加 0.5%，可驱除鸡蛔虫。

（6）四氯化碳。四氯化碳为无色透明油状液体，可驱杀寄生在输卵管内的鸡前殖吸虫，使虫体麻痹而死，也可驱除鸡蛔虫、鸭多形棘头虫。用量为 1~2 mL/kg 体重。

（7）驱蛔灵（枸橼酸哌嗪）。驱除蛔虫效果极好。主要作用是逐渐麻痹虫体使其不能依附于肠壁而被排出体外。可混入少量精料或饮水中饲喂 1~4 天，也可拌少许精料一次喂给，内服量为 0.1~0.3 g/kg 体重。

（8）氯苯胍。本品广谱、高效、低毒。对鸡的多种球虫和弓形虫有效，对球虫的第一、二次裂殖体及卵囊都有抑制作用，对球虫病的治疗和预防作用较好，在饲料中添加 0.003%，拌料喂服。

（9）六氯酚。六氯酚是一种驱除鸡绦虫的高效药。内服量为

25～50 mg/kg体重。但对产蛋鸡的产蛋量有影响，使用时应加以注意。

（10）硝苯酰胺（球痢灵）。为淡黄色粉末，对鸡的多种艾美耳球虫都有效。用于鸡、火鸡球虫病的预防，需向饲料中添加0.01%～0.0125%，混料后饲喂给药；用于治疗，需向饲料中添加0.015%～0.03%，拌料饲喂。若饮水给药，以0.015%浓度饮用，连用3～4天。

（11）槟榔。槟榔中所含槟榔碱有驱除绦虫的作用。可将槟榔片煎煮成煎剂内服，用量为1 g/kg体重，服后2～3 h可排出虫体。

（12）南瓜子。对鸡绦虫有良好的驱除作用。可将南瓜子磨粉后加8倍量水煮沸1 h，除去表层油脂，与等量精料混合饲喂。在进行大群驱虫或使用数种药物治疗混合感染寄生虫时，可先对少数鸡试喂，经观察确认无不良反应后，再大群饲喂，以确保安全有效。

3. 蛋鸡驱虫措施

定期给鸡驱虫是蛋鸡饲养管理中的重要环节，不但能减少饲料浪费，降低饲养成本，而且能有效地预防鸡的各种肠道寄生虫病，确保鸡群健康生长。鸡驱虫一般进行2次比较适宜，第1次鸡驱虫在7～8周龄进行，第2次鸡驱虫在开产前（17～19周龄）进行。鸡驱虫可选用左旋咪唑25～30 mg/kg体重的剂量拌料一次喂服。

4. 散养肉鸡驱虫措施

在肉鸡放养的前、中、后期，积极的预防措施是防止鸡群患寄生虫病的关键。肉鸡在放养前一个月进行第一次驱虫；放养之后

15~20 天进行第二次驱虫；以后每隔 1~2 个月驱虫一次，直到上市销售为止。

二、粪便无害化处理

大多数寄生虫的虫卵、幼虫或卵囊是随着鸡粪便排出体外的，其在粪便内经一定时间的发育会再次侵袭动物。因此，加强粪便管理、避免病原扩散，对控制寄生虫病的传播和流行非常重要。在寄生虫病流行区，应将鸡粪便，尤其是驱虫后的粪便集中起来，根据各地情况和习惯，结合农田积肥进行堆积发酵，2~3 周后生物热就可杀死粪便中的虫卵、幼虫等。经处理的粪便一般 3 个月后即可作为农家肥使用。对鸡粪便除了进行发酵处理，还可以将其彻底焚烧。

三、消灭中间寄主并切断传播媒介

消灭中间宿主（如螺蛳之类）或对其进行驱虫以切断传播媒介是防止寄生虫病传播的有效措施。许多鸡寄生虫（如吸虫、绦虫、棘头虫和部分线虫）在发育过程中都需要有中间寄主和传播媒介的参与。用化学药品或生物学方法（培养中间寄主的天敌，如养鸭、养鱼等）可以消灭中间寄主并切断传播媒介，以控制寄生虫病的发生和流行。

四、加强饲养管理

在养鸡时，要加强饲养管理，搞好环境卫生，并适当在饲料中增加蛋白质、矿物质、维生素等营养成分和添加青绿饲料等，以提高鸡抵抗寄生虫感染的能力；此外还应采取措施，尽可能地保护鸡不接触病原。寄生虫病主要危害幼龄鸡，在有条件时最好能将成年鸡和幼龄鸡分开饲养，以减少幼鸡感染的机会。另外，还要对外地引进的鸡进行隔离检疫，确定无病时再将其合群，以避免当地本来没有的寄生虫病的流行。

第10单元 鸡常见病及防治技术

模块1 鸡常见传染病的防治

一、鸡常见病毒性传染病

1. 禽流感（AI）

禽流感是禽类流行性感冒的简称，是由 A 型流感病毒（AIV）引起的，是容易在人和多种禽类中传播的急性、热性、高度接触性传染病。禽类感染后表现出从呼吸系统疾病到产蛋量下降、全身败血症等多种症状，而且感染后死亡率很高。被世界动物卫生组织（OIE）定为 A 类传染病，我国也把其列为一类动物疫病。

小知识

A 型流感病毒表面由纤突覆盖，分别是血凝素（HA）和神经氨酸酶（NA）。已知 HA 有 16 种亚型，NA 有 9 种亚型。它们之间相互组合，可以构成 A 型流感的许多亚型，如 H1N1、H3N2、H5N1、H7N9 等。高致病性亚型主要指含有 H5 和 H7 的毒株。

（1）病原。禽流感的病原是 A 型流感病毒，该流感病毒属于正黏病毒科，为 RNA 病毒，典型病毒粒子形状为球形，有囊膜，囊膜上有呈辐射状紧密排列的纤突。流感病毒分为 A、B、C 三个血清型，高致病性禽流感主要是由 A 型流感病毒引起的急性高度接触性传染病。A 型流感病毒抵抗力不强，对紫外线、高温、消毒剂等均敏感，高热和干燥可使病毒失去活性，60 ℃持续 20 min 也可使病毒失去活性；但该病毒可耐受低温和寒冷环境。

（2）诊断要点

1）流行病学。本病一年四季均可发生，但多发生在秋末至初春。在家禽中初次出现流感病毒的变异株或是新亚型毒株引起的流感时，会呈现出流行性或大流行性，发病率很高。对本病易感的禽类有鸡、火鸡、鸭、鹅、鹌鹑、雉鸡、鹧鸪、鸵鸟、孔雀等。传染源主要是有病或带病的野生禽类，传播途径主要是消化道和呼吸道，传播方式主要以空气传播和飞沫传播为主。

2）临床症状。潜伏期一般为 3～5 天，最长的可达 21 天，常突然发病，症状如图 10-1 和图 10-2 所示。

图 10-1　禽流感症状（死亡率很高）

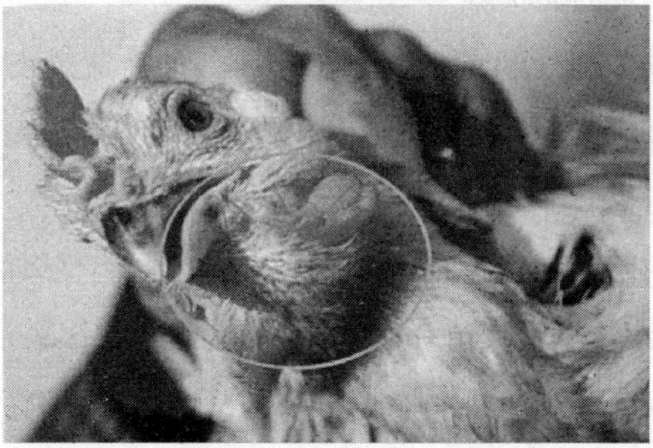

图10-2　禽流感症状（头颈部肿大）

①最急性病例在无任何症状时就会突然死亡。

②急性病例体温升高（达41.5 ℃以上），精神萎靡，拒绝吃食，羽毛松乱并且垂头缩颈。常见的典型症状：头和颈常出现水肿；眼睑、冠、肉髯和跗关节肿胀；冠与肉髯常常呈紫色；腿部角质鳞片下会有出血；眼结膜发炎，分泌物也会增多；鼻内有黏液性的分泌物，病鸡常常会甩头。母鸡产蛋量下降，蛋也会随之变小。严重者可能会窒息，病死率几乎达到100%。

③亚急性病鸡有的会出现神经症状问题，如惊厥、抽搐、瘫痪、失明、扭头、呈观星状、共济失调等。

3）病理变化。主要病理变化是全身多个组织器官的广泛出血和坏死。头及颈部皮下会有充血的症状，有胶冻样渗出物。明显的病变部位是呼吸道，有大量炎性分泌物或黄白色干酪样坏死，气管黏膜出血；腺胃乳头水肿、出血，肌胃角质层下出血，肌胃与腺胃交界处呈带状或环状出血；胸骨的内侧、胸部肌肉、腹部脂肪和心脏有散在的出血点；肺、肝、脾、肾有灰黄色的坏死灶。母鸡卵泡破裂，出现腹膜炎的症状。

（3）预防措施。目前已研制出比较好的禽流感疫苗，如 H5N1 重组禽流感灭活苗、禽流感 H5 和 H9 二联苗、H5 亚型禽流感–新城疫重组活疫苗等。

1）种鸡、蛋鸡雏鸡为 7~14 日龄时，用禽流感灭活疫苗或禽流感–新城疫重组二联活疫苗（rLH5–6 株）进行初次免疫；3~4 周后进行加强免疫；开产前再一次用 H5N1 亚型禽流感灭活疫苗进行加强免疫；以后根据免疫抗体检测结果，每隔 4~6 个月用 H5N1 亚型禽流感灭活疫苗免疫一次。

2）商品代肉鸡免疫。7~14 日龄时，用 H5N1 亚型禽流感灭活疫苗免疫一次；或在 7~14 日龄时，用禽流感–新城疫重组二联活疫苗（rLH5–6 株）免疫。2 周后，用禽流感–新城疫重组二联活疫苗（rLH5–6 株）加强免疫一次。

3）散养鸡一年春秋两季用 H5N1 亚型禽流感灭活疫苗各进行一次集中全面免疫，每月定期补偿免疫。

（4）控制措施。应及时对病鸡进行隔离、诊断并上报准确疫情。以“早、快、严、小”为指导原则，对疫点和疫区进行先后封锁。并将疫点周围 3 km 以内的区域划为疫区，将全部禽类以及相关产品，包括种蛋、禽粪便、饲料、垫料等，经过深埋或者焚烧等办法进行无害化处理。将疫区周围 5~10 km 的范围划为受威胁区，并对区域内的所有禽类进行强制免疫。对疫点和疫区严格消毒。疫区内所有禽类及产品按规定处理后，必须经过 21 天以上的监测，只有未出现新的疫病，才可以申请解除封锁。

2. 新城疫（ND）

新城疫是由新城疫病毒（NDV）引起的，为禽类的一种急性、高度接触性传染病，常呈现急性败血症症状，主要特征是呼吸困难、下痢、神经紊乱、黏膜和浆膜出血等。该病死亡率高，对养鸡业有严重的危害。世界动物卫生组织将其列为必须报告的动物疫病，我国也将其列为一类动物疫病。

（1）病原。新城疫的病原是新城疫病毒。该病毒属于副黏病毒科，核酸为单链 RNA，形状为球形，直径为 120~300 nm，表面有囊膜，有放射状紧密排列的纤突。新城疫病毒只有 1 个血清型，不过有 9 个基因型，我国流行的新城疫病毒多属于Ⅰ、Ⅱ、Ⅲ、Ⅵ、Ⅶ、Ⅷ、Ⅸ等基因型。本病毒对外界环境的热和光等物理因素的抵抗力较其他病毒稍强。

（2）诊断要点

1）流行病学。禽类中以鸡最易感，所以新城疫又常被称为“亚洲鸡瘟”。各种年龄的鸡均可能感染，以幼雏和中雏易感性最高。病鸡为本病的主要传染源，病鸡和带毒鸡可由粪便、口鼻分泌物中排出病毒。本病的传播途径主要是呼吸道和消化道，也可通过受伤的皮肤及交配感染，一年四季均可发生，但以春、秋两季发生频率较高。流行性较大，发病率和病死率可达 90%以上，潜伏期一般 2~7 天。

2）临床症状

①最急性型。发病急骤，除少数病鸡精神萎靡外，多数无明显症状，全突然死亡。

②急性型。病初的体感温度高达 43~44 ℃，食欲有明显减退，精神沉郁，翅膀下垂，闭目缩颈，似昏睡状，鸡冠和肉髯呈红色或

暗紫色，母鸡产蛋量下降。病鸡咳嗽、有啰音、喘气困难，甩头发出“咯咯”的声音。嗉囊积液，口腔内流出酸臭液体。粪便稀薄，颜色多呈黄绿色、草绿色或黄白色，有时会混有少量血液，后期排出蛋清样的排泄物。发病后期可出现神经方面的症状，如头颈扭转，仰头呈现观星状，阵发性痉挛，角弓反张，肌肉震颤，翅腿麻痹，最后体温下降，昏迷死亡，死亡率达90%～100%，临床症状如图10-3所示。

图10-3　新城疫临床症状（仰头呈现观星状）

③亚急型和慢型。临床症状比较轻微，但也会出现神经症状，患病鸡的翅、腿麻痹，站立不稳，头颈向后或向一侧扭转，常伏地旋转，反复发作，最后瘫痪，一般经10～20天死亡。多发生在后期的成年鸡，病死率较低，产蛋量下降。

3）病理变化。全身黏膜和浆膜出血，淋巴系统肿胀、出血和坏死，尤其以消化道和呼吸道最为明显。嗉囊中充满酸臭的稀薄液体和气体。腺胃乳头出血，在肌胃角质膜下有条纹状或点状出血，这是本病的特征性病变。由小肠到盲肠和直肠黏膜会有大小不等的出血点，肠黏膜上有纤维素性、坏死性的病变，有的形成了假膜，假膜脱落后即成“枣核状”的溃疡，具有诊断意义，如图 10-4 所示。气管出血或坏死，周围会出现组织水肿；心冠脂肪处可见针尖大的出血点。产蛋母鸡卵泡和输卵管有显著充血，卵泡膜极易破裂导致卵黄流入腹腔引起卵黄性腹膜炎；肝、脾、肾无明显病变；脑膜充血或出血。

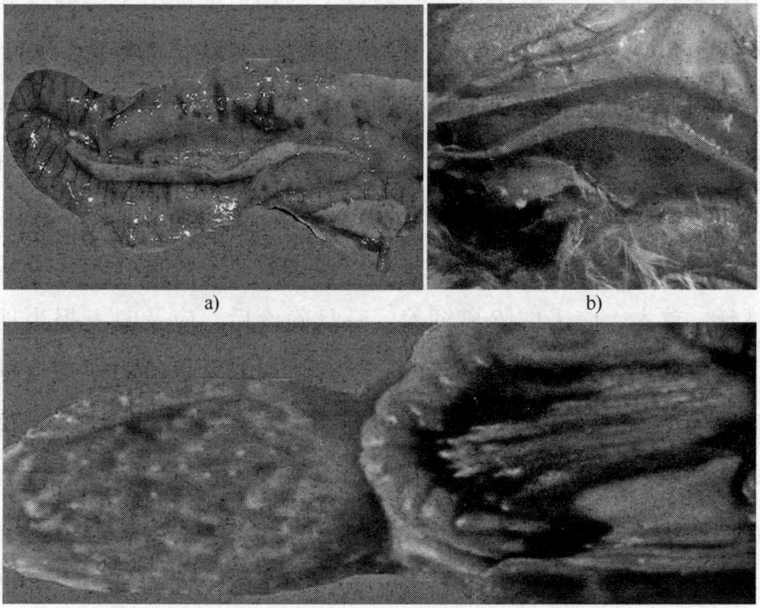

a)　　　　b)

c)

图 10-4　新城疫脏器出血的病理变化

a）肠黏膜出血病理变化　b）支气管出血　c）腺胃与肌胃的交界处条状出血

免疫鸡群发生新城疫时，其病变不是很典型，仅见有黏膜卡他性炎症、喉头和气管黏膜充血、出血。

（3）预防措施

1）一般措施。应建立健全并执行严格的卫生防疫制度，防止一切带毒动物（特别是鸟类）和污染物进入鸡群；对进出的人员、用具和车辆应严格消毒；饲料、种蛋和鸡苗应从非疫区购进；新购进的鸡须接种新城疫疫苗，并隔离2周以上，证明健康者方可混群。

2）免疫接种。新城疫疫苗有Ⅰ系苗，Ⅱ系苗（B1株），Ⅲ系苗（F株），Ⅳ系苗及克隆-30等。其中Ⅰ系苗属于中等毒力疫苗，多采用注射的方法，一般用于2月龄以上的鸡，也可用于鸡群发病时的紧急预防接种。Ⅱ系苗、Ⅲ系苗、Ⅳ系苗都是弱毒疫苗，大小鸡均可使用。其中Ⅱ系苗适用于肌肉注射、点眼、滴鼻、气雾等多种免疫办法。Ⅲ系苗可用于雏鸡免疫，饮水免疫效果很好，Ⅳ系苗多用于Ⅱ系苗或Ⅲ系苗初免后的加强免疫。

（4）控制措施。发生新城疫后，应采取紧急措施，防止疫情迅速蔓延。首先，应采取隔离饲养，一旦确诊后，应及时上报当地政府，划定疫区并进行封锁。其次，受威胁鸡群要尽快用新城疫疫苗紧急接种，一般用Ⅳ系苗或克隆-30等疫苗按平时用量的3~4倍量接种。最后，对场地、物品、用具、鸡笼、鸡舍等进行严格消毒，做好病死鸡的无害化处理。当疫区内最后一只病鸡死亡或扑杀后，经过两周的观察，如果再无新的病例出现，经严格消毒后，方可对疫区解除封锁。

知识链接

新城疫免疫推介程序如下。

1. 肉仔鸡预防新城疫有两种免疫程序。

（1）7日龄用克隆-30弱毒苗滴鼻或点眼；24~26日龄进行喷雾免疫或用Ⅰ系苗进行肌肉注射。

（2）7日龄用新城疫Ⅳ系或克隆-30弱毒苗点眼；15日龄用弱毒苗点眼或喷雾，也可以饮水接种。

2. 蛋鸡和肉种鸡7日龄滴鼻点眼，同时用新城疫灭活苗0.3 mL进行肌肉注射；28日龄进行喷雾免疫或饮水免疫；9周龄喷雾免疫；如果必要时可用Ⅰ系苗注射补强；开产前2~3周用新城疫-减蛋综合征-传染性支气管炎三联灭活苗肌肉注射。

3. 传染性法氏囊病（IBD）

传染性法氏囊病又称传染性腔上囊炎，是一种急性、高度接触性、可引起免疫抑制性的禽类传染病，我国将其列为二类动物疫病。

（1）病原。传染性法氏囊病的病原是传染性法氏囊病病毒，属于双RNA病毒科、禽双RNA病毒属。病毒无囊膜，直径60 nm，有一层外壳，正20面对称。本病毒有两个血清型，Ⅰ型为鸡源性毒株，Ⅱ型为火鸡源性毒株。病毒能耐受酸性消毒药，不过碱性消毒药可以很快将本病毒灭活。

（2）诊断要点

1）流行病学。本病自然感染的仅发生于鸡，各品种的鸡都能感染，主要发生于2~15周龄的鸡，其中3~6周龄的鸡最易感染，成年鸡一般呈现隐性经过。病鸡是主要的传染源，其粪便中含有大量的病毒，会污染饲料、饮水、垫料、用具、人员等。传染性法氏囊病病毒主要通过消化道感染鸡群，也可经呼吸道和眼结膜等感染。

2）临床症状。本病往往潜伏期短，突然发生，传染性较强，传播迅速，通常在感染后第 3 天开始死亡，5~7 天达到高峰，之后很快停息。本病发生快，痊愈也快，常与大肠杆菌、新城疫、鸡败血支原体病混合感染。

患病鸡病初精神沉郁，采食量减少，饮水增多，排白色水样稀粪，泄殖腔周围羽毛被粪便污染，严重者会脱水，卧地不起，有些鸡会经常啄自己的泄殖腔。在发病后期，鸡的体温低于正常体温，严重脱水，极度虚弱，最后死亡。康复的雏鸡会贫血消瘦，生长缓慢，临床症状如图 10-5 和图 10-6 所示。

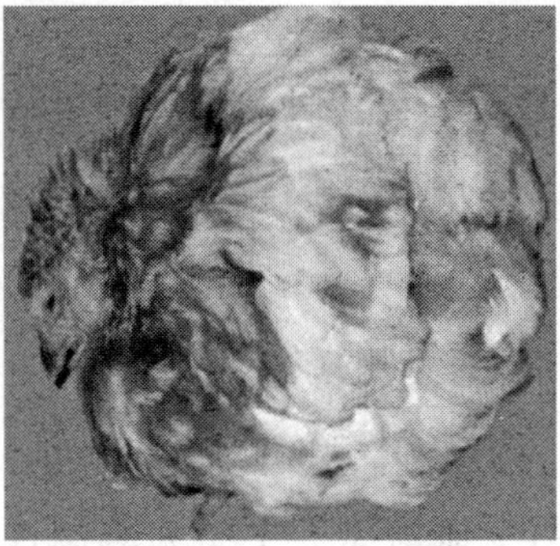

图 10-5　传染性法氏囊病
（鸡精神沉郁）

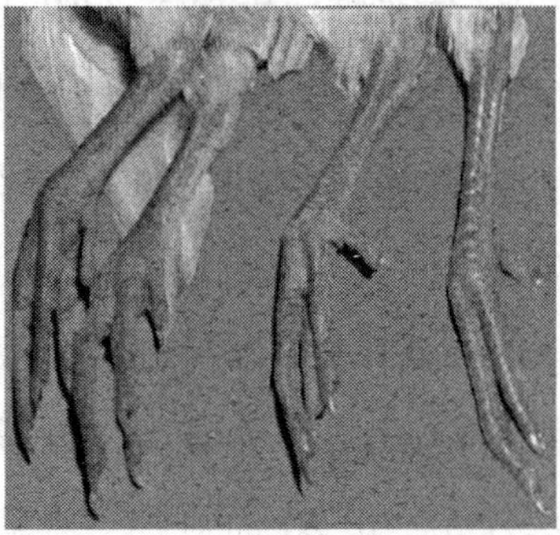

图 10-6　传染性法氏囊病
（鸡腿脱水萎缩）

3）病理变化。病死鸡脱水，趾爪干缩；腿部和胸部的肌肉都会有明显的出血；法氏囊内的黏液会增多，法氏囊水肿和出血，严重者呈紫葡萄状，囊腔分泌物增多或有干酪样渗出物，病程长的法氏囊萎缩；肾脏有不同程度的肿胀，部分有尿酸盐沉积，出现花斑肾；腺胃和肌胃交界处有条状出血。病理变化如图 10-7、图 10-8 和图 10-9所示。

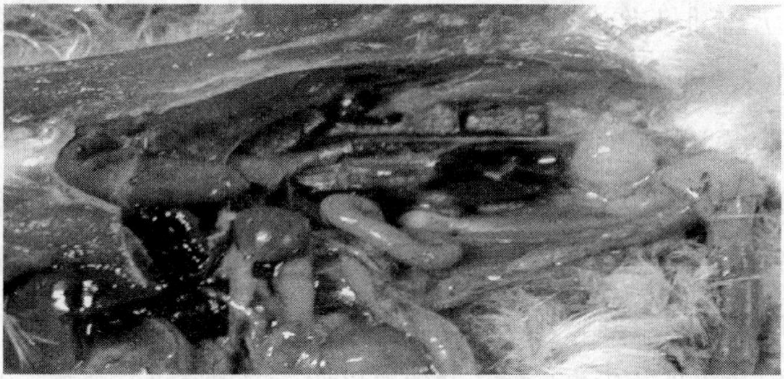

图 10-7　法氏囊浆膜面胶冻样水肿

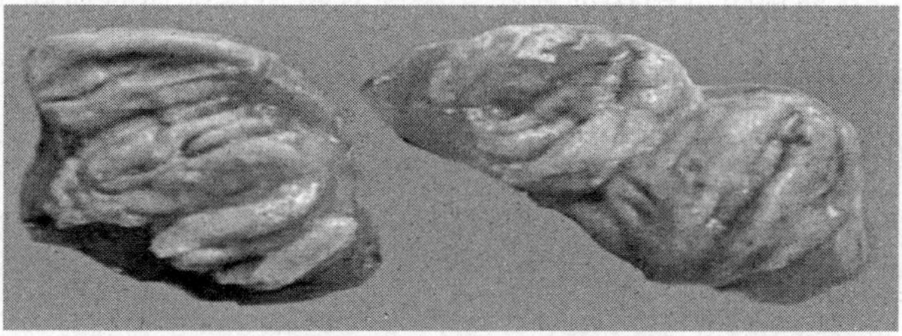

图 10-8　法氏囊萎缩

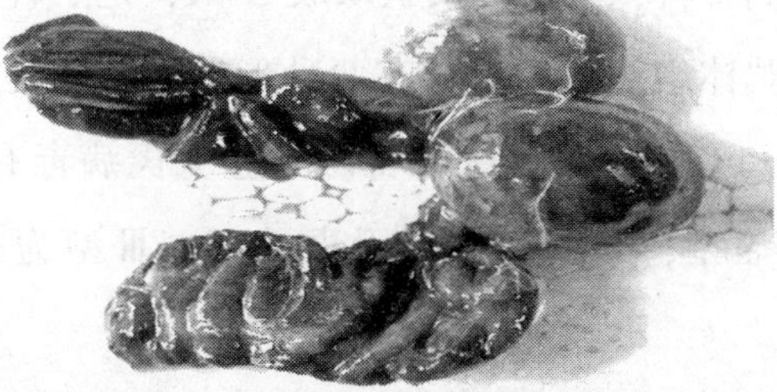

图 10-9　法氏囊出血

（3）预防措施

1）严格执行兽医卫生安全措施。平时严格消毒场区，执行消毒制度，严禁非工作人员进场，必须从非疫区引进鸡，进行严格检疫并在免疫接种后才可混群。

2）提高种鸡的母源抗体水平。种鸡分别在18~20周龄和40~42周龄接种传染性法氏囊病油佐剂灭活苗，雏鸡可获得较高且整齐的母源抗体水平，在2~3周龄内得到较好的保护，可以防止雏鸡早期感染和产生免疫抑制。

3）传染性法氏囊病的活苗须严格按免疫程序进行免疫，尤其是雏鸡的免疫接种。

4）早期预防可用传染性法式囊病高免血清或康复血清进行注射，也可用高免鸡所产的蛋制备卵黄抗体进行注射，对鸡群有比较好的疗效。

5）本病是二类病，可按所有重大疫病处理方法进行处理。处理原则是“早、快、严、小”。

4. 马立克氏病（MD）

（1）病原。马立克氏病是由马立克氏病毒（MDV）引起的，该病毒属于疱疹病毒科，形状为线状双股DNA，是一种细胞结合性的病毒。存在于鸡体组织内的病毒有两种形式，分别是病毒粒子无囊膜的裸体病毒和有囊膜的完全病毒。马立克氏病毒有三个血清型：Ⅰ型为致病致瘤型，Ⅱ型为自然无毒株型，Ⅲ型为火鸡疱疹病毒（HVT）型。

（2）诊断要点

1）流行病学。鸡是最主要的自然宿主，不同品种或品系的鸡均能感染马克氏病毒，幼雏和2~5月龄鸡多发。传播方式为直接或间接接触，传播途径主要是呼吸道，也有消化道。在羽囊上皮细胞复制的马立克氏病毒，随羽毛、皮屑等排出，混入鸡舍的灰尘中，长期保持传染性。很多外表健康的鸡长期持续带毒排毒。一般来说本病发病率和病死率相等，接种疫苗后其可控制在 10% 以下，如不接种疫苗甚至可能高达 60%。

2）临床症状。本病在临床上大致分为四种类型：神经型、内脏型、皮肤型和眼型。

①神经型。神经型又称为“古典型”，主要侵害外周神经。由于被侵害神经部位的不同，其症状也会有差异。当坐骨神经受害，病鸡的步态就会不稳，前期是发生不完全麻痹，后期则完全麻痹，比较具有特征性的姿势是病鸡的一只脚伸向前方，另一只伸向后方，似“劈叉”姿势，或横卧、麻痹等不正常姿势，如图 10-10 所示。翅神经发生病变时的特征是翅膀下垂，俗称“穿大褂”。当支配颈部肌肉的神经受到一定程度的损害时，病鸡便发生头下垂或者头颈歪斜。当颈部迷走神经受侵害时，可能会引起嗉囊麻痹或扩张（俗称“大嗉子”），以及无声的张口呼吸。

图 10-10　马立克氏病（劈叉）

②内脏型。内脏型又叫“急性型”，多呈急性暴发趋势，病程急骤，开始时大批病鸡精神萎靡，食欲不振，羽毛散乱，行走缓慢，

常缩颈呆立于墙角。几天后部分病鸡出现共济失调、脸色苍白及下痢，随后出现单侧或双侧肢体麻痹。很多病鸡表现为脱水、消瘦和昏迷等状态，部分病鸡死亡而无特征性的临床症状。这种病例常见于50~70日龄的肉鸡。

③皮肤型。该类型较少见。大多症状表现于大腿、颈、翅膀、背部或尾部皮肤上，毛囊肿大，皮肤变厚，形成小结节及瘤状物等，如图10-11所示。

④眼型。此类少见，表现为单眼或双眼视力丧失，虹膜增生，虹膜色素消退等症状，俗称“鱼眼”“灰眼”“珍珠眼”或“白眼病”，如图10-12所示。瞳孔收缩，边缘不整齐，似锯齿状，逐渐失去对光的调节能力。严重时，整个瞳孔会缩至针头大的小孔，病鸡的视力也会逐渐减退或消失。

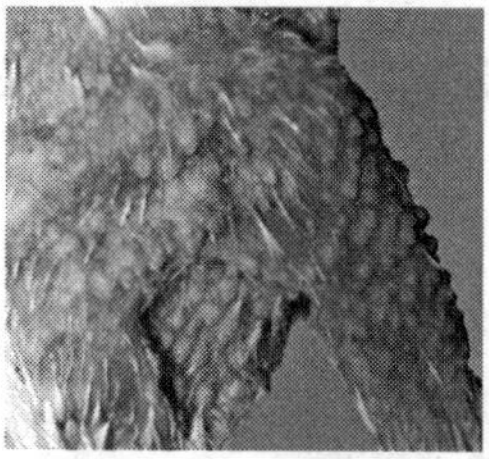

图10-11　马立克氏病（皮肤变厚，形成小结节等）

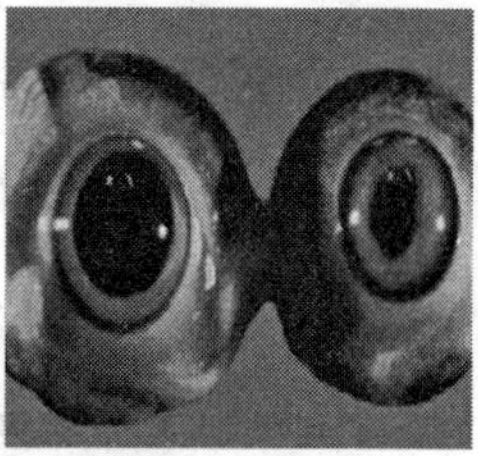

图10-12　马立克氏病（虹膜增生，瞳孔变小）

3）病理变化

①神经型。最常见病变部位是外周神经，以腹腔神经、坐骨神经、翅神经及迷走神经最为常见。受害神经明显增粗，呈黄白色或灰白色，横纹消失，有时呈水肿样外观。有的可见到明显结节，神经开始变得粗细不均匀。这些变化是由于神经组织中有大量淋巴细

胞被浸润所致。

提示

马立克氏病神经型病变往往只会侵害单侧神经，诊断时可以与另一侧神经相比较进行诊断。

②内脏型。病鸡肿瘤可出现在各个器官，如肝、肾、心、肺、卵巢、睾丸、腺胃等器官，解剖病鸡后可见到大小不等的单个或多个灰白色质地坚硬而紧密的肿瘤，如图 10–13 所示。有时肿瘤组织在受害器官中呈弥漫性增生，整个器官变得很大。卵巢肿瘤的形状似菜花状，表面光亮，呈淡灰色；有的似脑样，大小如核桃。睾丸长肿瘤后会肿大，达到正常睾丸的 10 倍，严重者可被肿瘤代替。腺胃长肿瘤后会肿大 2~3 倍，浆膜下有灰白色块，变硬，乳头变大而突起，顶端发生溃烂。

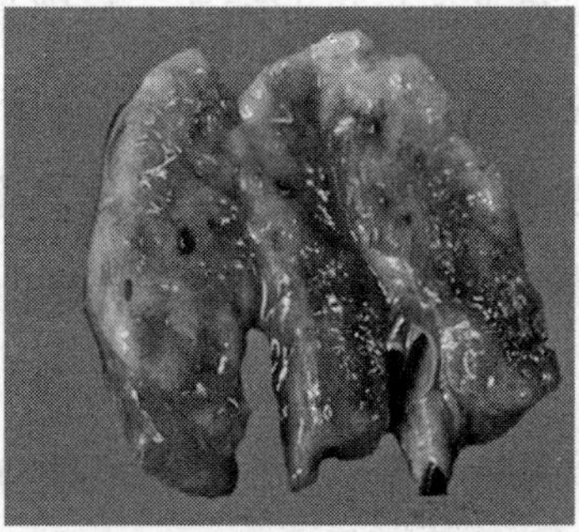

图 10–13　马立克氏病（内脏出现多个肿瘤）

③皮肤型。皮肤的病变多发生在毛囊部，有孤立或融合的白色隆起结节，严重时似疥癣样，表面有颜色呈淡褐色的结痂，不形成

肿瘤，这些特征不同于淋巴细胞性白血病。

④眼型。主要症状为虹膜内有大量淋巴细胞被浸润。

（3）防制措施。接种疫苗是防治本病的关键，我国生产的火鸡疱疹病毒疫苗有细胞结合苗（冷冻苗）和冻干苗两种。细胞结合苗效果好，但需要液氮保存；冻干苗只需在 4 ℃保存即可，使用较为广泛。冻干苗不能预防超强毒马立克氏病毒感染，而且稀释后要在 1 h 内用完。接种免疫必须在雏鸡刚出壳后 24 h 内立即进行，接种途径为颈部皮下注射。

提示

马立克氏病疫苗常用火鸡疱疹病毒疫苗，因为鸡注射该疫苗后不仅不会发病，身体还会产生抗体。

控制措施：按重大疫情处理方法进行处理。发生了马立克氏病的鸡场或鸡群，对病鸡必须检出并淘汰，特别是种鸡场，更要严格做好检疫工作。发现病鸡，工作人员应该立即将其隔离或淘汰，以消除传染源。严重感染的种鸡群或商品鸡群，除淘汰更新外，还应该观察养鸡场的环境及饲养全过程，一定要做好消毒工作。

5. 禽痘（FP）

（1）病原。禽痘是由禽痘病毒引起的多种动物共患的一种急性、热性、接触性传染病。以皮肤和黏膜发生丘疹和水疱为特征。

（2）诊断要点

1）多种动物易感，如鸡、火鸡、鸽等均易感，其中以鸡最易感，不分年龄、性别和品种均可感染。本病一年四季均可发生，但以蚊虫活跃时最易流行。可通过多种渠道进行传播。

2）临床表现。在少毛和无毛处出现红斑→丘疹→水疱→脓疱→结痂→痊愈的疾病过程。病程 3~4 周，多为良性经过。禽痘可分为皮肤型、黏膜型、混合型和败血型四种。

①皮肤型以在鸡冠、肉髯、眼皮、喙角和羽毛稀少部位发生结节和痘块为主，经常伴有体温升高、精神不佳和食欲不振等变化。

②黏膜型又称禽白喉，以在咽喉形成结节和黄白色假膜为主，同时会发生吞咽和呼吸困难等现象，常以死亡告终。

③混合型是综合了以上两者的症状，死亡率很高。

④败血型极少见，以严重的全身症状开始，继而发生肠炎，病鸡多数迅速死亡或少数转为慢性腹泻死亡。

（3）防治措施。本病目前尚无特效药物治疗，皮肤型禽痘，轻轻剥离痘痂后可用碘酊或紫药水局部处理。黏膜型禽痘可用镊子将喉腔内的假膜剥掉，用 1% 的高锰酸钾溶液冲洗后，再用碘甘油涂布。

平时做好卫生防疫工作，新引进的鸡应隔离观察，证实无病后方可混群饲养。加强环境中的灭蚊工作，加强鸡笼的整修，避免损伤鸡只的皮肤和黏膜。对以前发生过本病的地区，应采用禽痘疫苗免疫接种，一般采用两次免疫，第一次在 10~20 日龄，第二次加强免疫在 3~5 周后，接种方法为翅部刺种法。

6. 传染性喉气管炎（ILT）

（1）病原。传染性喉气管炎是由传染性喉气管炎病毒（ILTV）引起的鸡的一种急性呼吸道传染病。该病毒属于疱疹病毒科，病毒粒子有囊膜，衣壳为对称的二十面体形状，有双链 DNA。本病毒抵抗力弱，对乙醚、来苏尔、氢氧化钠和热比较敏感，对低温和干燥有一定的抵抗能力。

（2）诊断要点

1）鸡、孔雀、幼火鸡易感染此病，其中成年鸡较为多发，一般90~120日龄的鸡发病最为常见。病鸡和带毒鸡是主要的传染源，有的病愈鸡可带毒2年。本病的传播途径为呼吸道和眼结膜。

2）临床上可分为最急性型、急性型、慢性型和轻性型四种类型。最急性型发病率和死亡率都很高（死亡率可达50%~80%），表现为突发呼吸困难，咳嗽，最后很快死亡。急性型症状最典型，例如咳嗽，呼吸困难，流鼻液，咳出带血黏液，口腔后部有淡黄色假膜，有时死于窒息。慢性型和轻性型可见长时间的呼吸困难、顽固性鼻漏、眶下窦肿胀、结膜炎、咳嗽、消瘦、精神差等症状。

3）病理变化为喉头及气管上段黏膜充血、肿胀、出血，管腔中有带血的渗出物等，渗出物形成黄白色干酪样假膜。

（3）预防措施

1）加强饲养管理，定期消毒。在流行区可接种疫苗，其使用方法是在小鸡20~25日龄时用疫苗（1份/只）点眼。

2）控制措施。发生本病时，对鸡群进行紧急接种，同时在饮水中投入适量的恩诺沙星控制细菌感染。

3）治疗。主要应用对症疗法，缓解呼吸困难的症状。中药有较好疗效，可用六神丸、喉症丸等止咳平喘药物。

7. 传染性支气管炎（IB）

（1）病原。传染性支气管炎是由传染性支气管炎病毒（IBV）引起的鸡的一种急性、高度接触性传染病。该病毒属于冠状病毒科冠状病毒属，多数呈圆形，直径 80～120 nm，基因组为单股正链 RNA。血清型众多，各血清型之间交叉免疫作用差，我国流行的主要是 M_{41} 型。

（2）诊断要点

1）流行特点。各种日龄的鸡都会成为传染性支气管炎的易感群，5 周龄内的鸡症状比较明显，死亡率为 15%～19%。主要传播方式是病鸡从呼吸道排出病毒，经空气飞沫传染给易感鸡，此外还可通过被污染的饲料、饮水、笼具等经消化道传染。过热、严寒、拥挤、通风不良、维生素及矿物质供应不足均会促使本病发生。发病季节多见于秋末至春末，以冬季最为严重。

2）临床症状。根据临床症状可以把传染性支气管炎分为呼吸型、生殖道型、肾型和腺胃型四个类型。

①呼吸型。病鸡突然出现伸颈、张口呼吸（如图 10-14 所示）、打喷嚏、咳嗽、有呼吸啰音、全身衰弱、精神不振、食欲降低、羽毛松乱、昏睡、翅下垂等症状。个别鸡鼻窦肿胀，流黏性鼻液，眼泪多，逐渐消瘦。病鸡可能康复，但康复后一般发育不良。

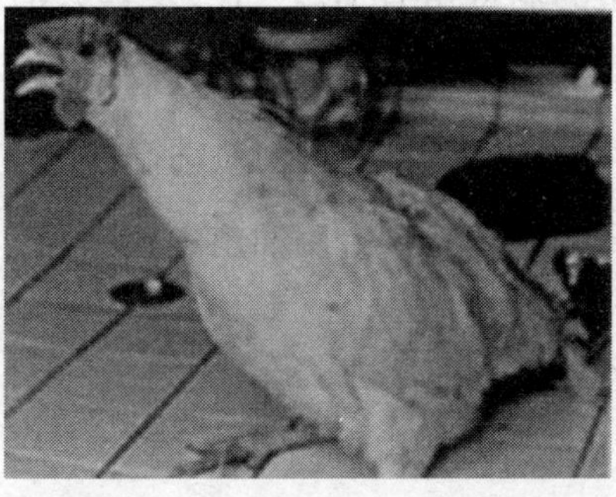

图 10-14　传染性支气管炎（呼吸困难）

②生殖道型。出现轻微的呼吸道症状，伴随有产蛋鸡产蛋量下降，产软壳蛋、畸形蛋或粗壳蛋。蛋白稀薄呈水样，蛋黄和蛋白分离等。

③肾型。呼吸道症状轻微或不出现，病鸡腹泻，排白色或水样粪便，迅速消瘦，饮水量增加。

④腺胃型。呼吸道症状轻微或不出现，病鸡腹泻，迅速消瘦，体重减轻。

3）病理变化。剖检特征为支气管有干酪样物；卵泡充血、出血、变形；肾脏苍白、肿大，俗称“花斑肾”；腺胃黏膜水肿、溃疡。

（3）预防措施

1）平常防治方法。各种药物对于本病均无直接疗效，但应当用适量的氯霉素、土霉素、复方泰乐菌素等防止继续感染，也可配合中药治疗，如采用止咳平喘的金银花、连翘、板蓝根、甘草、杏仁、陈皮等均可。

2）鸡舍要注意通风换气，防止过于拥挤，注意保温，加强饲养管理，补充维生素和矿物质饲料，增强鸡体抗病力。

3）常用M_{41}型的弱毒苗有H_{120}、H_{52}及其灭活油剂苗。H_{120}毒力较弱，对雏鸡而言安全性高；H_{52}毒力较强，适用于20日龄以上的鸡。一般免疫程序为10~14日龄用H_{120}进行首免，25~30日龄用H_{52}进行二免，种鸡于120~140日龄用油苗进行三免。

二、鸡常见细菌性传染病

1. 禽霍乱

禽霍乱又称禽巴氏杆菌病或禽出血性败血症，是由多杀性巴氏杆菌引起的多种家禽的急性败血性传染病，以全身出血性变化和肝脏多发性坏死为特征。潜伏期一般为 2~9 天，常呈现败血性症状，是临床上发病率和死亡率很高的一种传染病，但也常出现慢性或良性经过的情况。

（1）病原。禽霍乱的病原是多杀性巴氏杆菌，此菌两端钝圆、中央微凸，长 1~1.5 μm，宽 0.3~0.6 μm，不形成芽，形成荚膜，没有菌毛，无运动性。一般染料都可着色，革兰氏染色阴性。将病体组织或体液涂片用瑞氏、姬姆萨氏或美兰染色法镜检，观察可见菌体多呈卵圆形，两端着色深，中央部分着色较浅，很像双球菌。

（2）临诊要点

1）流行特点。本病易感动物是各种家禽和各种野生禽类，以 3~4 月龄育成禽和产蛋禽多见。本病不分地区，世界各地均可发病，牧禽或野禽比笼养禽更易感染此病。四季均可发病，以潮湿多雨的夏季发病率最高。可经消化道、呼吸道感染，也可经破损的皮肤黏膜感染。应激因素如运输、换料、惊吓、免疫接种、天气突变等是本病发生的诱因。

2）临床症状。临床上可分为最急性型、急性型、慢性型三种类型。

①最急性型。常在流行病传染初期出现。病鸡无明显症状，发病后次日便在鸡舍内死亡。

②急性型。最为常见，患病鸡精神沉郁、羽毛松乱、离群，体温升高到 43~44 ℃，食量降低或不进食，渴欲增强。呼吸困难，口鼻分泌物增加。鸡冠和肉髯变青紫色，有的病鸡肉髯肿胀（如图 10-15 所示），有热痛感。病鸡常腹泻，排出黄色、灰白色或绿

色的稀粪。最后发生衰竭、昏迷并死亡，病程时间短的约半天，长的1~3天。

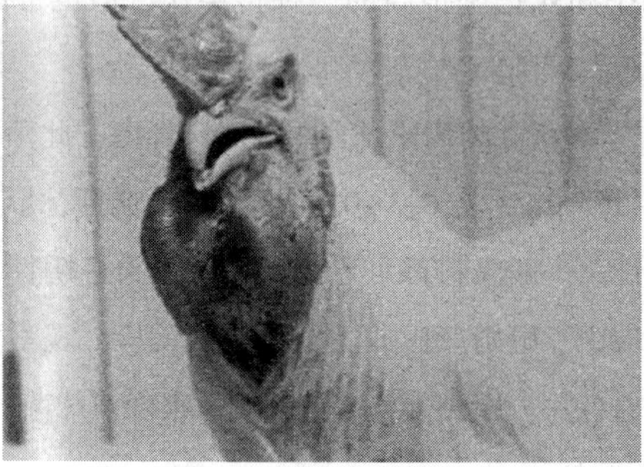

图 10-15　禽霍乱（鸡肉髯肿胀）

③慢性型。主要关节肿大、有疼痛感、脚趾麻痹，因而发生跛行，多见于流行后期，以慢性肺炎、慢性呼吸道炎和慢性胃肠炎症状较为多见。

3）病理变化

①最急性型死亡的病鸡无特殊病变，有时能看见心外膜有少量的出血点。

②急性型病例病变的特征较为明显，病鸡的腹膜、皮下组织出现出血点。心包变厚，心包液增多，有的是不透明淡黄色的液体，有的是含有纤维素的絮状液体。心内外膜、心冠脂肪出血尤为明显。肝脏有轻微发肿，质脆，呈棕色或黄棕色，肝表面散布有许多灰白色、针头大的坏死点，如图 10-16 所示。肺有充血或出血点。肌胃出血显著，肠道尤其是十二指肠发生卡他性和出血性肠炎，肠内容物中含有血液。

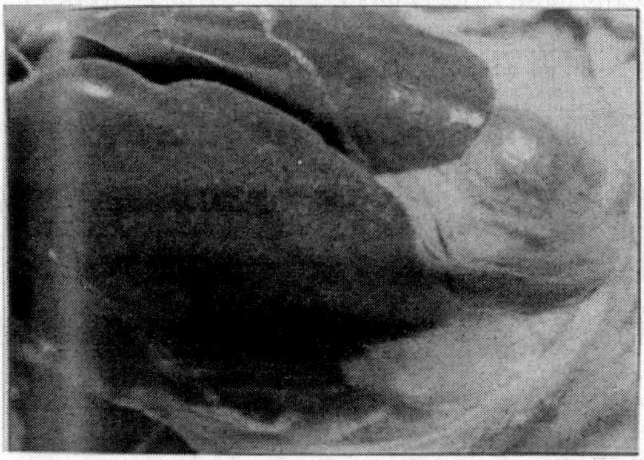

图 10-16　禽霍乱（肝脏表面有针头大的坏死点）

③慢性型因侵害的器官不同而有所差异。当以呼吸道症状为主时，见到鼻腔和鼻窦内有大量黏性分泌物，某些病例见肺硬变。关节炎和腱鞘炎的病例，主要症状是关节肿大，有干酪样渗出物及坏死。公鸡的肉髯肿大，内有干酪样的渗出物，母鸡的卵巢明显出血，有时卵泡发生变形，似半煮熟样。

（3）实验室诊断。根据病鸡流行病学、剖检特征、临床症状可以初步诊断，确诊须由实验室诊断。取病鸡血涂片、肝脾触片经瑞氏、美兰或姬姆萨氏染色，可见大量两极着色的短小球杆菌，能够帮助诊断，进一步确诊须经过细菌学的细菌分离培养及生化反应等。

（4）预防措施

1）药物预防。可用血清、革兰氏阴性抗生素类药物或广谱抗生素类药物如磺胺、恩诺沙星、喹乙醇等进行简单治疗，其中鸡对链霉素敏感。也可以用中药银翘散加减后内服，银翘散内含金银花、连翘、竹叶、荆芥、牛蒡子、薄荷、淡豆豉、甘草、桔梗、芦根等药材。

2）加强鸡的饲养管理及防疫工作。平时严格执行鸡场兽医卫生安全防疫措施，加强消毒工作，如场地消毒、工具消毒、工作人员的消毒等。加强饲养管理，比如对鸡舍的温度、湿度、通风等加强控制，并以栋舍为单位采取全进全出的饲养制度。按免疫程序进行巴氏杆菌弱毒疫苗免疫接种或灭活苗免疫接种。

3）控制措施。发病时按重大疫病处理方式进行处理，平常应以预防为主。

2. 大肠杆菌病

大肠杆菌病是近年来养鸡业发病率最高、危害最为严重的疾病之一，它是由大肠杆菌中的某些致病菌株引起的疾病的总称，主要特征为急性败血性变化及其他器官的炎症。

（1）病原。大肠杆菌为革兰氏阴性菌，对外界不利因素的抵抗力不强，一般消毒剂就能杀死，能产生内毒素和肠毒素，有的还能产生水肿素。

（2）临诊要点

1）流行特点。大肠杆菌病可发生于各种年龄段的鸡、鸭和鹅。年龄越小死亡率越高。一年四季均可发病，以冬春寒冷季节多发，本病常易成为其他疾病的并发病或继发病。

2）临床症状。大都是以绝食、衰弱和呼吸困难为特征。幼禽常常突然死亡，不见腹泻，年龄稍大的会出现剧烈腹泻，并有关节肿胀等现象。病鸡可观察见眼球积脓或失明，对于产蛋鸡、鸭还可观察见腹部下垂。

3）病理变化。剖检观察以败血症、心包炎、肝周炎、卵黄性腹膜炎、输卵管炎、气囊炎等特征最为明显。

(3) 防治措施

1) 预防措施。育雏期应保持舍内的温度适宜，防止空气及饮水的污染，定期用消毒剂进行鸡舍的带鸡消毒，同时在育雏饲料中添加适量高敏感的抗生素，如在雏鸡出壳日龄及4~6周龄分别连用3天10%的呼诺玢口服液100 mL（加入200~400 kg水），有利于控制本病的暴发。

2) 治疗。因为大肠杆菌易对药物产生抗药性，因此在临床治疗时最好先进行药敏试验。在不具备做药敏试验条件的情况下，最好选用过去很少用过的高敏感药物进行全群治疗。给药时间要及时，且交替用药，早发现早治疗可控制感染的病鸡，促使痊愈。

3. 鸡白痢

鸡白痢主要是由鸡白痢沙门氏杆菌引起的雏鸡的一种急性、败血性传染病。其特征是雏鸡急性下痢，排白色糊状稀粪，呈败血症经过；成年鸡多为慢性或隐性经过。

(1) 病原。鸡白痢的病原属于沙门氏杆菌，也是革兰氏阴性杆菌，可产生内毒素，对常用消毒药敏感。

(2) 诊断要点

1) 流行特点。鸡和火鸡都可感染，以2~3周龄的雏鸡最易感，呈流行性。一年四季均可发病，一般为地方流行性。可通过消化道、呼吸道和眼结膜等途径传播疾病，也可通过鸡蛋垂直传播，最主要的还是通过排泄物传播。

2) 临床症状。潜伏期4~5天，最急性者多为无症状迅速死亡。稍缓者表现为精神萎靡，羽毛松乱，两翼下垂，缩头颈，闭眼昏睡，不愿走动，扎堆等；食量减少或停止进食，软嗉，腹泻，拉白色或淡黄、淡绿色稀粪。肛门周围羽毛被污染或黏结封住肛门而影响排粪进而导致病鸡肛门发炎疼痛，常发出尖锐的叫声；呼吸困难，可闻“哔卜”音。有的病雏出现眼盲或跛行。

日龄越短死亡率越高，3 周龄以上的发病鸡死亡较少，但生长发育不良，常为带菌者。极少数成年鸡精神萎靡，头翅下垂，腹泻，产蛋停止，有的感染鸡因卵黄囊炎引起腹膜炎、腹膜增生而呈“垂腹”现象。大多数不会表现临床症状。临床症状如图 10－17、图 10－18和图 10－19 所示。

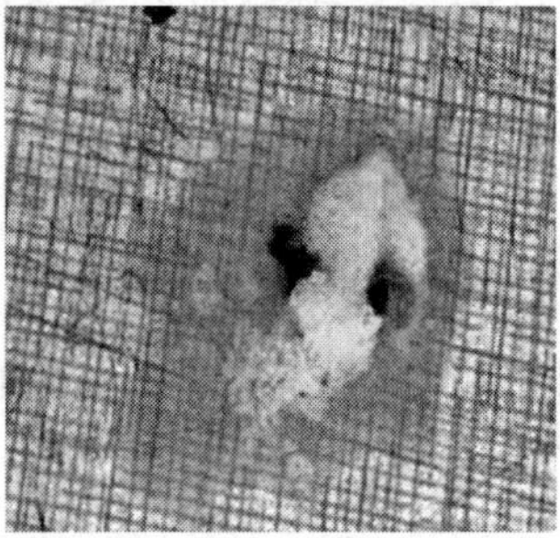

图 10－17　鸡白痢症状（白色粪便）

图 10－18　鸡白痢症状（粪便沾染泄殖腔）

3）病理变化。雏鸡肝脏肿大、充血，有时候出现灰白色坏死灶，如图 10－20 所示；脾脏肿大；心包增厚，胞液增多；成年鸡卵巢变形、变色，呈囊肿状；公鸡睾丸发生炎症，输精管膨大，内有干酪样物。

（3）预防措施。加强饲养管理以及防疫工作：检疫净化鸡群，对死雏尸体进行严格的深埋或焚烧。对尚未发病者用药物预防或用弱毒菌苗免疫。向饲料中添加 0. 04%的痢特灵、0. 005%的氟哌酸进行预防。若添加益生菌素等则预防效果更好。

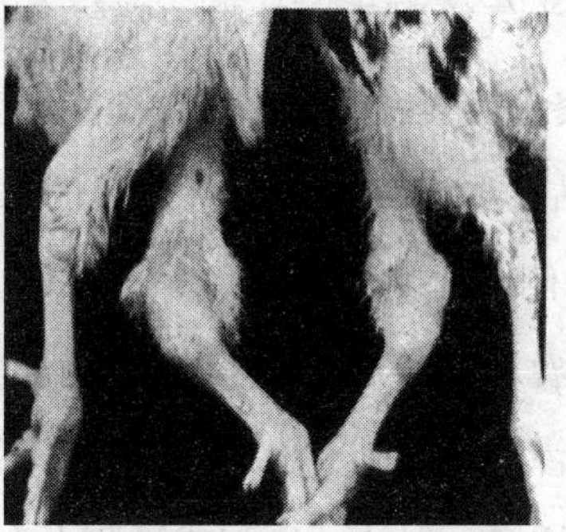
图 10-19　鸡白痢症状（脱水）

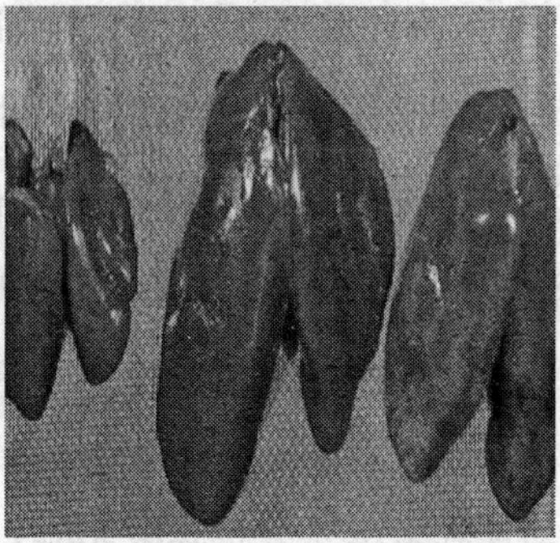
图 10-20　鸡白痢症状（肝脏肿大、充血）

种蛋要严格消毒，18~19 日胚龄落盘时每立方米空间用 28 mL 福尔马林熏蒸消毒 20 min。出雏鸡在 50%左右时，每立方米空间用 10 mL 福尔马林熏蒸消毒 20 min。

4. 鸡败血支原体病

鸡败血支原体病又称鸡败血霉形体病或慢性呼吸道病，是由鸡败血支原体引起的一种慢性呼吸道传染病，以喘气急促、咳嗽、呼吸啰音及发生气囊炎、眼炎、鼻窦炎等为特征。

（1）病原。鸡败血支原体病的病原是鸡败血支原体，本菌是革兰氏阴性原核型微生物，一般培养基上不生长。用姬姆萨或瑞氏染色着色较好，颜色呈淡紫色，革兰氏染色时着色淡，显微镜下观察形态不一，形状大多为球形、卵圆形，有的为棒状、球杆状。对外界抵抗力较弱，能抵抗青霉素，对常用消毒药物比较敏感。

（2）诊断要点

1）流行特点。各种年龄的鸡都可发生，4~8 周龄的鸡多发，四季均可发病，寒冷的冬季多发，饲养管理不良如拥挤、维生素缺乏等都可能促使本病暴发。主要是通过呼吸道传播，也可经卵传播。

2）临床症状。本病的特征症状为气管啰音、咳嗽、喘气急促、喷鼻、呼吸困难，眼睑肿胀、眼部突出甚至失明，食欲减退、生长停滞、逐渐消瘦。鼻孔流出浆性和黏性鼻液，初为颜色透明的水样鼻液，后颜色变黄，较浓稠，常见一侧或两侧鼻孔堵塞。

3）病理变化。鼻腔、气管、气囊及肺等呼吸器官的黏膜水肿、充血、增厚、腔内储积黏液或干酪样渗出液。肺充血、水肿，有不同程度的肺炎变化；胸部和腹部气囊膜增厚、混浊，囊腔或囊膜上有淡黄色、白色干酪样渗出物或增生的结节性病灶，外观呈念珠状，由芝麻至黄豆大不等，少数可如鸡蛋般大，且在胸腹气囊较为多见。

（3）预防措施

1）加强饲养管理及防疫工作。提供营养平衡的饲料，加强鸡群检疫净化工作，做好清洁消毒工作，种蛋入储藏库前用高锰酸钾和福尔马林进行熏蒸消毒。按免疫程序分别进行免疫接种。用 F 株疫苗给 1 日龄、3 日龄、20 日龄雏鸡点眼接种不会引起任何可见症状或气囊的变化，不影响增重，免疫保护率高达 80%以上，免疫力至少持续 7 个月。也可以用鸡败血支原体感染-滑液囊支原体感染二联油乳灭活苗在种鸡产蛋前 15~20 天和产蛋中期免疫接种，剂量依次为 0.5~1 毫升/只、1~1.5 毫升/只；对肉用仔鸡皮下接种 0.25~0.5 毫升/只。

提示

目前国内外使用的活疫苗是 F 株疫苗，活疫苗接种方式：点眼、滴鼻或饮水。鸡败血支原体感染-滑液囊支原体感染二联油乳是灭活苗，灭活苗多采用注射免疫接种。

2）治疗。第一选择是泰乐菌素、红霉素、北里霉素及恩诺沙星等药物，给药时要按说明书使用操作。

5. 鸡葡萄球菌病

鸡葡萄球菌病是由葡萄球菌引起的一种传染病，一般认为金黄色葡萄球菌是主要的致病菌。该病有多种类型，给养鸡业造成了较大损失，临诊表现为急性败血症状、关节炎、雏鸡脐炎、皮肤（包括翼尖）坏死和骨膜炎等。

（1）病原。形态特点：革兰氏阳性球菌，直径 0.7～1 μm，无芽孢，无鞭毛，多数无荚膜，葡萄串状排列。浓汁或液体培养物常见双球及短链状排列。

生长要求及培养特性：常用普通琼脂或血琼脂于 37 ℃培养。普通琼脂：形成湿润、光滑、隆起、边缘整齐、直径 1～2 mm 的圆形菌落，颜色为金黄色。血琼脂：致病性菌株菌落周围形成完全透明的溶血环（β 溶血），非致病菌没有该现象。

（2）诊断要点

1）流行特点。金黄色葡萄球菌可侵害各种禽类，尤其是鸡和火鸡。不同年龄段的鸡，甚至鸡胚都可能会感染。虽然 4～6 周龄的雏鸡易感，但实际上发生在 40～60 日龄的中雏最多。

金黄色葡萄球菌广泛分布在自然界的土壤、空气、水、饲料、物体表面以及鸡的羽毛、皮肤、黏膜、肠道和粪便中。季节和品种对本病的发生无明显影响，平养和笼养都会发生该病，但以笼养为多。本病的主要传染途径是皮肤和黏膜的创伤，雏鸡通过脐带感染也是常见的途径之一。

2）临床症状。分为急性败血型、关节炎型、脐炎型、眼型及肺型五类。

①急性败血型。病鸡出现全身症状，精神不振或沉郁，不爱跑动，常呆立一处或蹲伏，两翅下垂，缩颈，眼半闭呈嗜睡状。病鸡下痢，排出灰白色或黄绿色稀粪。有部分病鸡在头颈、翅膀背侧及腹面、翅尖、尾、脸、背及腿等不同部位的皮肤出现大小不等的出血点、炎性坏死，局部干燥结痂，暗紫色，无毛；早期病例局部皮下湿润，呈暗紫红色，溶血，糜烂。以上表现是葡萄球菌病常见的症状，多发生于中雏鸡，病鸡在2~5天内死亡，快者1~2天呈急性死亡。

②关节炎型。可见到病鸡有关节炎症状，多个关节炎性肿胀，特别是以趾趾关节肿大为多见，呈紫红或紫黑色，有的见破溃，并结成污黑色痂。

③脐炎型。是孵出不久雏鸡发生脐炎的一种葡萄球菌病的病型，会对雏鸡造成一定危害。由于某些原因，鸡胚及新出壳的雏鸡脐孔闭合不全，被葡萄球菌感染后，即可引起脐炎。可见腹部膨大，脐孔发炎肿大，局部颜色呈黄红或紫黑色，质稍硬，间有分泌物。

④眼型。其临诊表现为上下眼睑肿胀，闭眼，有脓性分泌物粘连，用手掰开时，见眼结膜红肿，眼内有大量分泌物，并见肉芽肿。时间较久者，眼球下陷，后期可观察到失明的症状。

⑤肺型。主要表现为全身症状及呼吸障碍。

3）病理变化

①急性败血型。可见死鸡胸部、前腹部羽毛稀少或有脱毛现象存在，皮肤呈紫黑色浮肿。剪开皮肤可见整个胸、腹部皮下充血、

溶血，呈弥漫性紫红色或黑红色，积有大量胶冻样粉红色或黄红色水肿液。同时，胸腹部、腿内侧见有散在出血斑点或条纹，久病者还可见轻度坏死迹象。肝脏肿大，呈淡紫红色，有花纹或驳斑样变化。脾亦见肿大，颜色为紫红色，病程稍长者有白色坏死点。腹腔脂肪、肌胃浆膜等处有时可见紫红色水肿或出血。心包积液，呈黄红色半透明状。心冠状沟脂肪及心外膜偶见出血。有的病例还见有肠炎变化。腔上囊无明显变化。在发病过程中，也有少数病例无明显眼观病变，但可分离出病原。

②关节炎型。可见关节炎和滑膜炎。某些病例会出现关节肿大，滑膜增厚，充血或出血，关节囊内有或多或少的浆液，有浆性或纤维素性渗出物。病程较长的慢性病例，渗出物变为干酪性物，关节周围结缔组织增生，关节变形。

③脐炎型。病变与症状相似。

④眼型。病变与症状相似。

⑤肺型。肺部以瘀血、水肿和肺实变为特征，甚至可见到黑紫色坏疽。

（3）预防措施

1）加强饲养管理及防疫工作。给予营养平衡的饲料，注意清洁消毒工作，种蛋入储藏库前用高锰酸钾和福尔马林进行熏蒸消毒。按免疫程序免疫接种。加强鸡群检疫净化工作。

2）治疗。一旦鸡群发病，要立即给予全群给药治疗。一般可使用庆大霉素、卡那霉素、氯霉素、土霉素、磺胺类药物进行治疗。也可用中药治疗，用黄芩、黄连、焦大黄、板蓝根、茜草、大蓟、建曲、甘草各等份，混合粉碎，每鸡口服 2 g，每天一次，连服 3 天。

模块 2　鸡常见寄生虫病的防治

一、球虫病

1. 病原

球虫病是由一种单细胞寄生虫（艾美耳）引起的寄生虫病。球虫病的流行会给养鸡生产造成严重经济损失，由于寄生部位和危害程度不同，大致可把鸡球虫分为 7 种类型，不同类型艾美耳球虫寄生部位和危害程度的差异见表 10-1。

表 10-1　不同类型艾美耳球虫寄生部位和危害程度的差异

虫种	寄生部位	危害程度
柔嫩艾美耳球虫	盲肠	最强（++++）
毒害艾美耳球虫	小肠	强（+++）
堆型艾美耳球虫	十二指肠和空肠	中等（++）
巨型艾美耳球虫	小肠中段	中等（++）
布氏艾美耳球虫	小肠后部、盲肠近端、直肠	中等（++）
早熟艾美耳球虫	小肠前 1/3	轻
和缓艾美耳球虫	小肠前半段	轻

2. 流行特点

（1）特异性强，有宿主特异性和寄生部位特异性。

（2）生活史短，无中间宿主。

（3）繁殖力强。

（4）发育的适宜温度为 22~28 ℃。

（5）虫种：大致可分为 7 种并得到公认。各种球虫的致病性不同，生产中多是一种及以上球虫混合感染。

（6）所有日龄和品种的鸡都具有易感性，但免疫力发展很快，并能限制其再感染。

（7）球虫病一般在 2~6 周龄的雏鸡中暴发，1 周龄以内的雏鸡很少发病。毒害艾美耳球虫常危害 8~18 周龄的鸡。

（8）传播：病鸡排出的卵囊生命力延续达数月之久，因而是主要传染源。鸡摄入有活力的孢子化卵囊而遭受感染。

（9）卵囊对恶劣的外界环境条件和消毒剂具有很强的抵抗力。

（10）饲养管理条件不良和营养缺乏会促使本病的发生。拥挤、潮湿或卫生条件恶劣的鸡舍最易发病。此病四季均可发病，多在温暖潮湿的季节流行。北方 4—9 月为流行季节，以 7—8 月最为严重。

3. 各种球虫卵囊形态、寄生部位、危害与流行特点

（1）柔嫩艾美耳球虫

1）呈卵囊形态。大多数为宽卵圆形，少数为椭圆形，平均为 22.0 μm×19.0 μm；原生质呈淡褐色，卵囊壁为淡黄绿色；最短孢子化时间是 18 h。最短潜隐期是 115 h。对 3~6 周龄的雏鸡致病性最强。病初食欲不振，随着盲肠损伤程度的加重，出现下痢、血便，甚至排出鲜血。病鸡战栗，拥挤成堆，体温有明显的下降；进食量减少甚至废绝，最终由于肠道炎症、肠细胞崩解等原因形成的有毒物质被机体吸收，导致自身中毒死亡。严重感染时，死亡率高达 80%。

2）寄生部位。柔嫩艾美耳球虫主要寄生于盲肠，是致病力最强的一种球虫。感染后第 4 天末和第 5 天，裂殖逐渐加剧，盲肠高度肿大，肠腔中充满血凝块和脱落的黏膜碎片。感染后第 5 天及第 6 天盲肠严重出血和高度肿胀，后期出现干酪样肠芯。感染后第 6~7 天，盲肠中的血液和脱落黏膜逐渐变硬，形成红色或红白相间的肠芯，在感染后第 8 天从黏膜上脱落下来。因此，柔嫩艾美耳球虫又称盲肠球虫。

3）症状和病理变化。轻度感染时，无明显出血现象，黏膜明显肿胀，感染后第 10 天黏膜再生恢复。而严重感染时，黏膜的损伤程度较大且难以完全恢复。

（2）毒害艾美耳球虫

1）形态。卵囊为卵圆形，平均为 20. 4 μm×17. 2 μm；卵囊壁光滑、无色；最短孢子化时间为 18 h。

2）寄生部位。裂殖生殖阶段寄生于小肠中 1/3 段，尤以卵黄蒂前后最为常见，严重时可扩展到整个小肠，是小肠球虫中致病性最强的一种，它的致病性仅低于盲肠球虫。第 2 代裂殖子向小肠后部移动，在盲肠的上皮细胞内进行配子生殖。

3）症状和病理变化。致病性较强。通常发生于 2 月龄以上的中雏鸡，病鸡的精神不振，翅下垂，弓腰，下痢和脱水。小肠中部形成严重的肿胀或气胀，这是本病的重要特征。肠壁充血、出血和坏死，黏膜肿胀增厚，肠内容物中含有大量的血液、血凝块和坏死脱落的上皮组织。感染后第 5 天出现死亡，第 7 天达到高峰，死亡率仅次于盲肠球虫。

（3）感染中等及以下致病性球虫或感染剂量不大或抵抗力强的病鸡，常常表现出慢性球虫病症状。不论感染球虫的致病性强弱，鸡场一旦暴发球虫病，应立即进行治疗。

4. 治疗

（1）磺胺类，如磺胺二甲基嘧啶（SM2）、磺胺喹噁啉（SQ）等，按照一定比例混入饲料或饮水给药。

（2）氨丙啉，按 0.012%~0.024%混入饮水，连用 3 天。

（3）百球清，2.5%的溶液，按 0.002 5%混入饮水，连用 3 天。

5. 药物预防

到目前为止，所有集约化养鸡场都必须对球虫病进行预防。传统药物预防方法目前仍占领主要市场。即从雏鸡出壳后第 1 天即开始使用抗球虫药，但由于抗药性和药物残留问题的困扰，近年来人们越来越重视免疫预防。预防用的抗球虫药经过几十年发展已有数十种，分为两大类，即化学合成类药物和离子载体类药物。用药方法也分穿梭用药和轮换用药两种。

（1）化学合成类药物

1）氨丙啉，按 0.012 5%混入饲料，鸡的整个生长期都用药，可以连用 30 天。

2）尼卡巴嗪，按 0.012 5%混入饲料。

3）氯苯胍，按 0.000 3%混入饲料，肉鸡在宰前 5~7 天停用。

4）常山酮，按 0.000 3%混入饲料，连续应用。

5）氯嗪苯乙氰，按 0.000 1%混入饲料。

（2）离子载体类药物

1）马杜拉霉素，按 0.005%~0.007%混入饲料。

2）拉沙里菌素，按 0.007 5%~0.012 5%混入饲料，宰前 5 天停药。

3）莫能菌素，按 0.000 1%混入饲料，连续应用。

4）盐霉素，按 0.005%～0.006%混入饲料，预防从 15 日龄开始，连续投药 30～45 天。

二、绦虫病

绦虫病是一种比较常见的寄生虫病。鸡绦虫病是由赖利属的多种绦虫寄生于鸡的十二指肠中引起的，常见的赖利绦虫有棘沟赖利绦虫、四角赖利绦虫和有轮赖利绦虫三种。各种年龄的鸡均可能会感染，其他如火鸡、雉鸡、珠鸡、孔雀等也可感染，17～40 日龄的雏鸡最易感染且传染性极强，死亡率也最高。

1. 病原

棘沟赖利绦虫和四角赖利绦虫是两种大型绦虫，两者外形和大小都很相似，长 25 cm，宽 1～4 mm。棘沟赖利绦虫头节上的吸盘形状为圆形，上有 8～10 列小钩，顶突较大，上有钩 2 列，中间宿主是蚂蚁。四角赖利绦虫头节上的吸盘呈卵圆形，上有 8～10 列小钩，颈节比较细长，顶突较小，上有 1～3 列钩，中间宿主是蚂蚁或家蝇。有轮赖利绦虫较短小，头节上的吸盘呈圆形，无钩，顶突宽大肥厚，形似轮状，突出于虫体前端，中间宿主是甲虫。棘沟赖利绦虫和四角赖利绦虫的虫卵包在卵囊中，每个卵囊内含 6～12 个虫卵。有轮赖利绦虫的虫卵也包在卵囊中，每个卵囊内含 1 个虫卵。

2. 症状

由于棘沟赖利绦虫等各种绦虫都寄生在鸡的小肠，用头节破坏了肠壁的完整性，引起黏膜出血，肠道炎症，甚至严重影响消化机能。病鸡表现为下痢，粪便中有时混有血样黏液。轻度感染有可能造成雏鸡发育受阻，成鸡产蛋量下降或停止。寄生绦虫量多时，会使肠管堵塞，肠内容物通过受阻，造成肠管破裂和引起腹膜炎。绦虫代谢产物可引起鸡体中毒，出现神经症状。病鸡会食欲不振，精神沉郁，贫血，鸡冠和黏膜颜色苍白，极度衰弱，两足常发生瘫痪，不能站立，最后因衰竭而死亡。

3. 病理变化

通过剖检的方法可以从小肠内发现虫体。肠黏膜增厚，肠道出现炎症，有灰黄色的结节，中央凹陷，其内可找到虫体或黄褐色干酪样栓塞物。鸡绦虫病的诊断常用尸体剖检法。剪开肠道，在光照环境下，可发现白色带状的虫体或散在的节片。如把肠道放在一个较大的黑底水盘中，虫体就更易辨认。因绦虫的头节对种类的鉴定是极为重要的，所以要仔细寻找。剥离头节时，可用外科刀割下那块带头节的黏膜，并在解剖镜下用两根针剥离。对形状细长的膜壳绦虫，必须快速挑出头节，以防其自解。对于捡出的绦虫成虫，可用上述方法处理并观察。

4. 防治

当鸡群内发生鸡绦虫病时，必须立即对全群进行驱虫。常用的驱虫药有以下几种。

（1）硫双二氯酚（别丁）。按每千克体重150~200 mg，以1∶30的比例与饲料配合，一次投服。

（2）氯硝柳胺（灭绦灵）。按每千克体重50~60 mg，一次投服。

（3）吡喹酮。按每千克体重10~15 mg，一次投服，可驱除各种绦虫。

（4）丙硫苯咪唑。按每千克体重 10~20 mg，一次投服。

（5）氟苯咪唑。按 0.003%混入饲料，对棘沟赖利绦虫有效，其驱虫率可达 92%。

（6）羟萘酸丁萘脒。按每千克体重 400 mg，一次投服，对赖利绦虫有效。

有特定种类的中间宿主参与，是鸡绦虫存活的必备条件，因此预防和控制鸡绦虫病的关键是消灭中间宿主，从而中断绦虫的生活条件。集约化养鸡场，采取笼养的管理方法，使鸡群避开了中间宿主，这种防治方法可以作为行之有效的预防措施之一。而使用杀虫剂消灭中间宿主则是比较困难的。

模块 3　鸡常见营养代谢病的防治

一、维生素缺乏及其代谢障碍病

鸡常见维生素缺乏及其代谢障碍病有：脂溶性维生素 A、维生素 D、维生素 E、维生素 K 缺乏或代谢障碍病；水溶性维生素 B_1、维生素 B_2、泛酸、烟酸、生物素、胆碱、叶酸、维生素 C 的缺乏或代谢障碍病。

1. 维生素 A 缺乏症

（1）病因。母鸡缺乏维生素 A 引起雏鸡缺乏，自身代谢异常或营养过分丢失引起维生素 A 缺乏，饲料中缺乏维生素 A 或储存不当引起维生素 A 缺乏。

(2) 症状。雏鸡和产蛋鸡常易发生维生素 A 缺乏症。

雏鸡一般发生在 1~7 周龄，若 1 周龄的鸡发病，雏鸡生长会出现停滞，厌食，消瘦，嗜睡，衰弱，羽毛粗乱，运动失调，不能站立，严重者瘫痪。典型症状还有：上下喙交错，冠和肉髯苍白；眼部黏性分泌物多，眼角膜混浊不透明，暗光中视物不清，严重者出现角膜过度软化或穿孔失明。

成年鸡通常在 2~5 个月内出现症状，一般呈慢性经过。轻度缺乏维生素 A，会使鸡的生长、产蛋、种蛋孵化率及抗病力受到一定影响。食量减少、精神不振、消瘦、眼睛和鼻孔排出的分泌物多，眼角膜过度角化，干眼，失明；皮肤干燥，易脱屑，甚至上皮角化增生，汗液减少，毛囊形成毛囊丘疹；骨骼发育障碍导致运动失调、两腿瘫痪；偶尔会有神经症状。母鸡产蛋量和种蛋孵化率降低，公鸡繁殖力下降，精液品质退化，受精率降低。免疫功能下降，消化道和呼吸道感染率升高，且易迁延不愈；还会发生缺铁性贫血。

(3) 诊断。主要诊断依据是维生素 A 缺乏史、典型皮疹、眼部症状、暗适应检查。

维生素 A 缺乏实验室检查法：血浆维生素 A 水平低于 0.35 μmol/L（正常 0.7~1.4 μmol/L）。

(4) 防治。对于雏鸡，可在每千克饲料中添加维生素 A 1 500 IU；对于产蛋鸡和种鸡，按照每千克饲料放置 4 000 IU 标准添加进行预防治疗。

2. 维生素 B_2 缺乏症

(1) 病因。禽类对维生素 B_2 的需求量大于对维生素 B_1 的需求量，而在谷类籽实和糠麸里维生素 B_2 的含量又低于维生素 B_1，日粮

中如不添加维生素 B_2 则易导致其含量不足；饲料发霉变质导致维生素 B_2 被破坏；因紫外线、碱或重金属的破坏而导致缺乏维生素 B_2。

（2）症状。种鸡缺乏维生素 B_2 会使蛋出现死胚；雏鸡则脚趾蜷曲，绒毛稀少呈结节状，卵黄吸收慢，日渐消瘦，还有贫血、腹泻症状。病鸡跗关节以下呈麻痹状态，趾爪向内蜷缩，用踝部行走，两腿叉开似游泳状，不能支撑者则伏卧或横卧在地，腿部肌肉萎缩和松弛，机体消瘦，羽毛粗糙蓬乱，背部脱毛，皮肤干而粗糙，有时候还有结膜炎和角膜炎等表现。

（3）病理变化。肠道有泡沫状内容物，后期胃肠道黏膜萎缩。成年鸡坐骨神经肿大和变软。肿大程度比正常高 3~5 倍。关节腔有淡黄色黏液分泌。

（4）防治措施

1）治疗。补充 2~3 倍于正常标准的维生素 B_2 和复合 B 族维生素。对于病重不能采食的鸡可人工投服，或肌肉注射维生素 B_2，一般治疗时间为 5~7 天。用药一个疗程后，如果没有好转，建议淘汰。

2）预防。日粮中增加正常标准的维生素 B_2 和复合 B 族维生素。雏鸡开食时就应喂标准配合日粮，或在每吨饲料中添加 2~3 g 核黄素，可预防该病发生。

3. 其他 B 族维生素缺乏症

（1）症状。特征性皮炎，主要症状是羽毛脱落，头部、趾间、脚底皮肤发炎，以及外层皮肤脱落等，有时候脚底皮肤增生角化。给母鸡饲喂泛酸含量低的饲料时，所产的蛋在孵化期的最后 2~3 天胚胎大多数死亡，鸡胚有短小、皮下出血和严重水肿症状，其肝脏有脂肪变性。有时候虽然产蛋量和受精蛋的孵化率都在正常范围内，但雏鸡体重不足或衰弱，会很快死亡。

（2）防治。给弱雏鸡腹腔注射 200 μg 泛酸可观察到效果。或者饲喂酵母粉，按每千克饲料补充 10~20 mg 饲喂。

4. 维生素 E 缺乏症

（1）病原。维生素 E 和硒是动物体内不可缺少的抗氧化物，两者协同作用，共同抗击氧化物对组织的损伤。因此，一般所说的维生素 E 缺乏症，实际上是维生素 E-硒缺乏症。本病主要见于 20~50 日龄仔鸡。日粮中维生素和硒供应量不足或饲料储存时间过长是诱发本病的主要原因。饲料储存时间过长，会造成无机盐和不饱和脂肪酸氧化，或拮抗物质的破坏。平常饲料中添加抗生素类药物或者鸡有腹泻性疾病也会导致对维生素 E 的吸收率下降。

（2）症状

1）动作失调。雏鸡最早 7 日龄，最晚 56 日龄，通常在 15~30 日龄发病，表现为运动和共济失调，头向后或向下挛缩，或者向一侧扭转。有的出现前冲后仰，或腿翅麻痹，最后衰竭死亡。

2）皮肤浮肿。雏鸡和育成鸡因维生素 E-硒缺乏而引起毛细血管通透性异常的皮下组织水肿现象，主要表现为胸腹部皮肤青绿色浮肿。

3）营养不良（白肌病）。病鸡消瘦、无力，运动失调等。

4）种鸡有繁殖障碍。种鸡患维生素 E-硒缺乏症时，表现为种蛋受精率、孵化率明显下降，死胚、弱雏明显增多。

（3）病理变化。病变主要在小脑，脑膜水肿，有点状出血，严重病例见小脑软化或青绿色坏死。

皮下青绿色，发生胶冻样水肿，胸肌和腿部肌肉充血、出血。穿刺水肿部位会流出蓝绿色液体。

剖检可见胸、腿肌肉及心肌有灰白色条纹状变性坏死。

（4）防治。预防饲料储存时间过长。日粮中要保证提供足量的含硒、维生素 E 的添加剂。治疗剂量为每千克饲料维生素 E 2 000 IU，连用 14 天。

5. 维生素 D 缺乏症

维生素 D 缺乏症是由于维生素 D 的摄取不足所致的钙、磷代谢障碍，使幼禽发生佝偻病、骨软化症和笼养蛋鸡疲劳症。

（1）病因。饲料中维生素 D_3 含量不足。日光照射不充分，皮肤中的 7-脱氢胆固醇不能在紫外线的照射下合成维生素 D_3。消化吸收功能障碍和患肾、肝疾病等也影响维生素 D_3 的吸收。

（2）症状。雏鸡食欲不振，嗜异，生长停滞，严重时患佝偻病，喙和爪变软，跗关节肿大，腿无力，骨骼畸形，羽毛无光泽。蛋鸡产薄壳蛋或软壳蛋，产蛋率和孵化率明显下降，胚胎很容易死亡。病母鸡双腿无力时呈“企鹅式”蹲伏势，胸骨呈 S 状弯曲变形，有的出现蹲伏、麻痹、行走困难、卧地不起等症状。

（3）病理变化。成鸡的甲状旁腺增大数倍，骨软且易碎，胸骨和肋骨的内侧面有局限性的小球状突起。

雏鸡的肋骨与脊柱接合部呈珠球状，肋骨向后弯曲和变形，胫骨和股骨的骨骺钙化不良。关节面软肌肿胀，骨髓腔变大。

（4）防治。饲料中增加维生素 D 和钙、磷的供应。也可添加维生素 AD 粉剂，雏鸡发生佝偻病应用 15 000 IU/kg 的维生素 D_3 进行肌肉注射治疗，成鸡缺乏可于饲料中添加浓鱼肝油 10~20 mL/kg 料。

喂苍术末每次 1~2 g，口服每天 2~3 次。注意使用剂量，否则会产生毒性作用。

二、矿物质元素缺乏及其代谢障碍疾病

钙、磷、钾、钠、氯、锰、碘、铁、铜、锌、硒等矿物质元素缺乏或代谢障碍病。

1. 钙和磷缺乏症

（1）病因

1）平常饲料中钙、磷缺乏，或者钙、磷比例不协调引起家禽钙和磷缺乏症。

2）饲养管理不善，如太阳照射不足引起钙和磷缺乏症。

3）缺乏维生素 D 和锰等元素引起钙、磷吸收障碍而导致钙和磷缺乏症的发生。缺乏钙、磷对家禽影响特别大，会导致雏鸡骨骼生长受阻，成年鸡患骨骼疏松症和软骨病；还会影响正常神经系统功能，使机体体液调节功能不协调等。

（2）临床症状。鸡缺乏钙、磷的临床表现是不愿走动，食欲不振，嗜异，出现产蛋鸡蛋壳变薄、产软壳蛋、产蛋率下降和种蛋孵化率降低等现象。雏鸡生长缓慢，鸡爪容易弯曲，肋骨末端呈串珠状结节，跗关节肿大。

（3）防治

1）以早期预防为主，饲料中钙、磷必须充足，比例适宜，笼养鸡日光照射必须足够。维生素及微量元素补充要充足，避免影响钙、磷吸收因素的产生。钙、磷的补充以食补为主。日粮中钙、磷含量充足的食物补充钙、磷的效果较好。

2）早期诊断或监测能避免钙和磷缺乏症的发生，根据血液或血清中的钙、磷浓度测定和骨骼 X 光射线监测结果，能够及早制定预防措施。饲料中添加骨粉或鱼粉，如果钙含量多而磷含量少，可用磷酸氢钙补磷也可以饲喂鱼肝油和维生素 D_3 以提高饲料中钙、磷的吸收。

2. 铜缺乏症

铜缺乏症主要是由群体缺乏铜引起的一种营养代谢病。

（1）病因。饲料当中缺乏铜类微量元素或饲料中锌、钼和无机硫酸盐含量高影响铜的吸收等多种原因导致铜缺乏。

（2）临床症状。贫血、心力衰竭、佝偻症、运动障碍、羽毛蓬乱褪色等，产蛋鸡产蛋量明显下降，孵化率低，胚胎因出血而死亡。

（3）防治。临床症状可初步诊断，也可直接用微量元素测定仪检测。治疗及预防方法是向每千克饲料中添加 20 mg 硫酸铜药物。

3. 锌缺乏症

锌缺乏症是由于缺乏锌元素引起的疾病。锌是鸡体众多酶进行活化所必需的物质，参与机体内蛋白质、核酸代谢，在维持细胞膜结构完整性、促进创伤愈合方面起着重要的作用。锌缺乏症是以羽毛发育不良，生长发育停滞，骨骼异常，生殖机能下降等为特征的营养缺乏症。

（1）病因

1）地区土壤中锌含量很少，引起农作物中含锌量少。

2）饲料配方不正确，导致锌添加量不足。

3）钙、镁、铁、植酸盐过多，含铜量过低，不饱和脂肪酸缺乏，影响锌的吸收。

4）其他因素，如棉酚可与锌结合，使锌失去生物活性等。

（2）临床症状。雏鸡缺锌容易引起食欲不振，消化不良，羽毛发育异常，翼羽、尾羽缺损，新羽不易生长等营养缺乏症状；发生皮炎，皮肤角化而呈现鳞状，产生较多的鳞屑；骨质发育异常，主要表现为长骨变短变粗，关节肿大等。产蛋鸡产蛋量下降，蛋壳薄或软，蛋孵化率低，易发啄蛋癖，创伤不容易愈合，生长发育迟缓等。

（3）防治。日粮中应含有 50~100 mg/kg 的锌，可通过向饲料中添加硫酸锌、碳酸锌和氯化锌来补充。缺乏时对少数禽只可肌注氧化锌，用量为每只 5 mg，发病较多时可向每千克饲料中增加 60 mg 的氧化锌予以治疗。

4. 硒缺乏症

（1）病因。由于饲料中硒含量不足而导致硒的缺乏。土壤中可利用的硒含量少，各种植物吸收硒的水平也不同，造成饲料中硒缺乏。气温和降水量也是影响植物饲料含硒量的因素之一，寒冷多雨的年份植物的含硒量低。此外，饲料中含铜、锌、砷、汞、镉等有拮抗作用的元素也影响硒的吸收。缺硒引起肌营养不良、胰腺变性、渗出性素质、脑软化等症状。

（2）临床症状。21~28 日龄的雏鸡、雏鸭均可发生，发病率达到 80%~90%。肌营养不良表现为无力、贫血，腿麻痹而卧地不起，羽毛蓬乱，翅膀下垂。胰腺变性和脑软化等会导致行走困难或卧地不起。重症病雏鸡可于 3~4 日内死亡，病程最长可达 1~2 周。发生渗出性素质的病鸡精神高度沉郁，生长发育停滞，冠髯苍白，眼半闭，角膜变软，卧地不起，站立时两腿叉开，运动有障碍，排稀便或水样便，最终衰竭死亡。

5. 锰缺乏症

（1）病因。锰缺乏症是由日粮中缺乏锰而引起的。饲料中钙、磷、铁以及植酸盐含量过多，会影响机体对锰的吸收与利用。一般家禽日粮中锰需要量为 4×10^{-5}~6×10^{-5} g。锰缺乏也可能是由于机体对锰的吸收障碍所致；家禽患球虫病等胃肠道疾病时，也妨碍对锰的吸收利用；舍饲密集养殖条件等容易患本病。

（2）临床症状。病雏鸡的特征性症状是生长停滞，骨骼变短变粗，又称骨短粗症或滑腱症。表现为胫跗关节增大、变形，胫骨下端和跖骨上端弯曲扭转，腓肠肌肌腱从跗关节的骨槽中滑脱，不能站立，行动困难等症状。产蛋鸡所产蛋孵化率低，鸡胚大多数在快要出壳时死亡，胚胎躯体短小，骨骼发育不良，翅膀短，腿短而粗，喙变短，呈“鹦鹉嘴”。

（3）防治。为防治雏鸡骨短粗症，需提供含锰丰富的饲料。可于 100 kg 饲料中添加 10~20 g 硫酸锰。或用 1∶3 000 的高锰酸钾溶液作为饮水，每日更换 2~3 次，连用 2 日，以后再用 2 日。含锰丰富的饲料如米糠，其中含锰量可达 300 mg/kg 左右，用此调整日粮有较好的预防作用。

6. 碘缺乏症

（1）病因。饲料中含碘量低引起缺碘而致病。

（2）临床症状。主要表现是甲状腺肿大，代谢机能降低或紊乱，生长发育受阻，嗜睡，生殖机能减退或丧失等。

（3）防治。饲料中添加碘。

7. 氯和钠缺乏症

（1）病因。氯和钠对保证鸡体内正常的生理、生化活动和功能起着重要作用，其在体内与钾等元素相互作用，能够控制细胞、组织液和血液内的电解质平衡，保持体液的正常流动，还能控制体内的酸碱平衡。氯和钠存在于细胞外液（血浆、淋巴、消化液等）中，能够维持肌肉和神经的功能正常，保持肌肉的正常兴奋和细胞的通透性，氯还是胃液的组成成分。

（2）症状。生长发育迟缓，骨质变软，角膜角质化，生殖机能降低，产蛋量下降，死亡率增加，血液浓缩，脱水等。还会出现神经症状，如两脚不能站立等。

（3）防治。饲料中添加食盐或复合盐，含量达 0.035%～0.37% 就可以达到防治效果。

知识链接

1. 啄癖症

啄肛（趾）癖发生的主要原因是鸡群的饲养密度过大，鸡舍内光照过强，日粮中蛋白质和维生素缺乏。鸡群发生啄肛癖开始往往是一只鸡追啄另一只鸡的肛门，致使该鸡受伤出血，其他鸡闻到血腥味后，就会群起而追逐，以致将该鸡的肛门啄烂，严重者会出现连肠子也被拉出体外而导致死亡的现象。尤其是在鸡患白痢病和球虫病时，由于鸡拉稀下痢，肛门周围的羽毛粘满了稀粪和其他异物，更易引起啄肛现象的发生。成年笼养蛋鸡出现啄肛癖多发生于初产前后，此时母鸡正处于一个生理性的过渡时期，外界稍有变化即会表现出不适应而导致啄肛现象的发生。

要想有效地预防鸡啄肛癖的发生，就必须加强对鸡群的饲养管理，经常保持鸡舍及其周围环境的安静，鸡舍内的光照应逐渐增加，光照度的改变不可过快，特别是在鸡群的产蛋高峰期来临前，舍内的光照应逐渐增加到每天 16 h，且光照度不可过大。

在饲料方面，鸡群从 18 周龄起逐渐由育成料过渡到产蛋料，切忌直接更换蛋鸡产蛋料，过渡时间一般以 7~10 天较为合适，同时，饲料的营养成分要全面，特别是日粮中的蛋白质和多种维生素要充足地供给。

鸡患泄殖腔炎、脱肛、寄生虫病和下痢等也是导致鸡群发生啄肛的诱因，因此，对易造成鸡群发生啄肛的疾病应及时加以防治，以防诱发鸡群啄肛现象。

啄趾癖则多发生于雏鸡，主要表现为病鸡相互啄食脚趾，出血后则啄食现象更为严重，造成被啄食的鸡跛行甚至脚趾发生感染，严重时会造成脚趾被啄断而致残，失去饲养价值。

防止鸡啄趾癖的最有效方法是断喙，具体时间是在雏鸡 6~10 日龄进行首次断喙，12 周龄前后再修剪一次。

一旦鸡群中发生啄肛、啄趾现象，对鸡的饲养管理可采取下列措施。

（1）在日粮中加入 5%~10%的动物性蛋白质饲料，如血粉、鱼粉、蚕蛹粉等，或者加入合成的蛋氨酸、赖氨酸各 0.1%。

（2）在饮水中添加少量的食盐，连用 2~3 天。

（3）立即将育雏舍内的光照减弱，并全群喂饮口服补液盐。

(4) 尽力消除各种应激因素，即降低鸡群的饲养密度，改善饲舍内的通风条件以及降低舍内的温湿度，增加食槽和饮水器的数量，防止鸡群采食和饮水时发生拥挤。

啄羽（冠）癖多发生在雏鸡和蛋鸡的换羽期间，主要原因是饲料中的微量元素不全面，含硫氨基酸、叶酸、胆碱等缺乏，此外，突然更换饲料种类、限制饲养等不当措施和体外寄生虫病等，都是发生啄羽（冠）癖的诱因。要预防和治疗鸡群啄羽（冠）癖的发生可以采取下列措施：在日粮中加入0.1%~0.15%的蛋氨酸或1%~2%的石膏粉；在日粮中添加3%左右的羽毛粉，并增加叶酸、胆碱、钙、磷的喂量；消除体外寄生虫和外界的各种应激因素。除此之外，不同笼舍的鸡在重新组群时，也有可能发生鸡群啄斗现象，因此，对鸡群不可随意进行拆笼合群，如果必须组群合笼，最好在夜间进行，同时对新组群合笼的鸡要随时注意观察，防止再次诱发啄羽（冠）癖。

2. 异食症

异食症是指鸡采食一些不能食用的东西，如粪便、垫草、破布、玻璃碎片等。导致异食症的原因主要是日粮配合不当，营养缺乏以及鸡患严重的寄生虫病和消化道疾病。

鸡群一旦发生异食症要及时查找原因。

(1) 查看鸡群密度是否过大，鸡舍内光照是否过强，湿度是否过高，空气是否新鲜，通风是否良好等。

（2）查看鸡群是否患有疾病，特别是寄生虫病和消化道疾病，肠道吸收功能是否良好。

（3）查看日粮的配合是否平衡和全面。

根据查找到的原因，后期判定相应的改进措施，以消除鸡群异食症。

参 考 文 献

[1] 牛树田，胡丽萍. 科学养鸡入门 [M]. 北京：中国农业大学出版社，2003.

[2] 尤明珍，张玲. 禽的生产与经营 [M]. 北京：高等教育出版社，2010.

[3] 周新民，蔡长霞. 家禽生产 [M]. 北京：中国农业出版社，2011.

[4] 杨慧芳. 养禽与禽病防治 [M]. 北京：中国农业出版社，2006.

[5] 魏刚才，钟华，王清华，等. 蛋鸡高产高效饲养技术 [M]. 北京：中国农业科学技术出版社，2006.

[6] 杨宁. 家禽生产学 [M]. 北京：中国农业出版社，2002.

[7] 蔡长霞. 养禽与禽病防治 [M]. 北京：中国轻工业出版社，2013.

[8] 王福强. 肉鸡生产技术问答 [M]. 北京：中国农业大学出版社，2008.

[9] 张大笼，王继英. 土鸡饲养技术问答 [M]. 北京：中国农业大学出版社，2008.

[10] 朱国生. 土鸡饲养技术指南 [M]. 北京：中国农业大学出版社，2003.

[11] 尹兆正. 优质土鸡养殖技术 [M]. 北京：中国农业大学出版社，2002.

[12] 魏刚才，等. 鸡场疾病控制技术 [M]. 北京：化学工业出版社，2009.

[13] 杨挺桂，陈桂先. 动物防疫与检疫技术 [M]. 北京：中国农业出版社，2011.

[14] 邓同炜，王宝英. 禽病防治 [M]. 2 版. 北京：高等教育出版社，2010.

[15] 高作信. 兽医学 [M]. 北京：中国农业出版社，2016.

[16] 王从生. 影响种蛋孵化率的因素及应对措施 [J]. 畜禽业，2007 (6)：28-30.

[17] 刘文奎. 孵禽场的卫生管理要求 [J]. 中国家禽，2003 (7)：30-32.

[18] 丁文卫，张洪让. 禽呼吸道症候群的鉴别诊断 [J]. 中国家禽，2006 (4)：49-50.